矿物材料学

刘 超 陈明伟 梁彤祥 编著

化学工业出版社
·北京·

图书在版编目（CIP）数据

矿物材料学/刘超，陈明伟，梁彤祥编著. —北京：
化学工业出版社，2019.12（2022.9重印）

ISBN 978-7-122-36034-2

Ⅰ.①矿⋯　Ⅱ.①刘⋯②陈⋯③梁⋯　Ⅲ.①矿物-
材料　Ⅳ.①P574.2

中国版本图书馆 CIP 数据核字（2019）第 294733 号

责任编辑：王　烨　　　　　　　　　装帧设计：刘丽华
责任校对：盛　琦

出版发行：化学工业出版社（北京市东城区青年湖南街 13 号　邮政编码 100011）
印　　装：北京建宏印刷有限公司
787mm×1092mm　1/16　印张 11¼　字数 270 千字　　2022 年 9 月北京第 1 版第 3 次印刷

购书咨询：010-64518888　　　　　　　售后服务：010-64518899
网　　址：http://www.cip.com.cn
凡购买本书，如有缺损质量问题，本社销售中心负责调换。

定　　价：49.00 元　　　　　　　　　　　　　　版权所有　违者必究

　　本教材针对材料物理与化学、材料学、材料加工工程等非矿业工程、地质资源与地质工程等学科大学生的矿物材料学相关教学要求编写，适于 32 学时，也可用于采矿工程、矿物加工工程、地质工程、矿产普查与勘探等专业本、专科学生的基础教学参考和相关专业矿产及地质技术人员的学习参考书。此课程的教学，建议安排在大三，在学生已了解材料科学基础、结晶学等材料相关专业后开展。

　　本教材编写的指导思想是在重视基本理论、基本知识的基础上，注意吸纳矿物学与材料学领域的最新科学理论与科研成果，以保证教材既具有知识的系统性又体现科学的前沿性。在教材内容上，充分结合材料学与矿物学的专业知识，以保证教材对材料科学与工程学科专业的适用性。教材共分为 11 章：第 1 章绪论介绍矿物的概念、地质作用成因、学科发展史等知识；第 2～5 章为矿物学通论，涉及结晶学、晶体化学、固体物理性能等专业知识；第 6～11 章为矿物学各论，各论部分依据矿物的晶体化学分类进行详细矿物种的介绍。

　　本教材的特点是：

　　1. 在有限的篇幅内对各矿物大类的特点详细介绍，并选择若干典型矿物种作为代表说明所属矿物族的矿物特点。

　　2. 在对矿物介绍时，详细介绍其基本特征，包括化学组成、晶体结构、形态、成因产状、物理性质、鉴定特征、主要用途 7 个方面。这 7 个方面的知识相辅相成，从微观的化学组成、晶体结构到宏观的形态、成因产状、物理性质再到鉴定特征和主要用途，都与材料专业知识体系密切相关。

　　3. 书后附有精选的矿物图片，图片在形象直观地展现矿物的精美外观的同时，也突显该矿物的特性。这些图片对学生认识矿物的形态、颜色、光泽、解理等专业知识非常有益。所附的矿物单晶形态、常见几何多面体图片，有助于学生理解矿物晶体形态。

　　4. 尽可能采用图表使抽象的问题直观化。各章内容之后列有"思考题"，便于学生学习。

　　在本教材编写中，除吸纳了编者在教学和科研工作中积累的一些实际资料外，还参阅、引用了已出版的许多结晶学和矿物学教材及相关文献的内容。引用的图、表一般均注明了出处；未标注出处的图、表则多是被公认的基础知识，参阅和引用的教材和专著列于参考文献表中。在此，向有关论著的作者表示感谢。

编著者

目录

第3章　矿物的化学成分 / 025

第4章　矿物的命名和分类 / 034

第5章　矿物的物理性质 / 039

第11章 其他含氧盐矿物 / 135

附 录 / 148

参考文献 / 169

第 1 章

绪 论

1.1 矿物的概念

矿物是由自然作用形成的、具有相对固定的化学成分和内部结构的天然单质或化合物，矿物具有相对固定的化学性质和物理性质，在一定的物理化学条件范围内相对稳定。

现代矿物学的概念强调：①自然作用的产物，不仅是地质作用（形成和改变地球的物质组成、外部形态和内部构造的各种自然作用）的产物，还包括地外天体的自然产物。其中，产自地外天体的矿物称宇宙矿物，包括月岩矿物、陨石矿物等。②具有一定的内部结构，即矿物是天然产出的晶体。那些自然形成的具有相对固定化学成分的天然固态非晶质体则被排除在矿物之外，称之为准矿物，如蛋白石（$SiO_2 \cdot nH_2O$）、水铝英石（$mAl_2O_3 \cdot nSiO_2 \cdot pH_2O$）等。

依据矿物的概念，水、石油、天然气等天然产出的液态或气态物质亦不属于矿物。但是，以冰的形式存在的固态水则属于矿物；在海底和冻土中以固体形态存在，并具有一定内部结构的可燃冰也属于矿物。与天然矿物具有相同成分、结构、性质的人造物质不属于矿物范畴，习惯上称之为"人造矿物"或"合成矿物"，如人造金刚石、人造水晶等。非晶质的火山玻璃因其无确定的化学成分，故不属于准矿物。

矿物具有相对固定的成分、结构和性质，并非强调它们具有严格确定的成分、结构和性质。如闪锌矿（ZnS）常因含有一些Fe^{2+}，其化学式写为（Zn,Fe）S；Fe^{2+}含量的不同会使闪锌矿在颜色、光泽、晶格参数等方面存在一定的差异。

矿物在一定物理、化学条件范围内相对稳定，但当物理、化学条件超过一定范围时矿物就会发生变化，如在温度增高的条件下可发生如下变化：

$$CaCO_3 + SiO_2 \longrightarrow CaSiO_3 + CO_2$$

方解石　　　石英　　　　　硅灰石

矿物主要是无机成因，但也有少量是有机成因的，如某些生物贝壳或骨骼就是由文石组成的，一些赤铁矿、黄铁矿的形成与菌藻类生物有关。此外，草酸钙石 $Ca[C_2O_4]$、晶蜡石 $C_{20}H_{34}$、鳞石蜡 $C_{24}H_{50}$ 等天然有机晶体也属于有机矿物；而琥珀 $C_{10}H_{16}O$ 等天然形成的有机非晶体则属于有机准矿物。

矿物通常是岩石和矿石组成的基本单位，如花岗岩主要由石英、碱性长石、斜长石组成。但也有少量岩石和矿石中的一部分或几乎全部是由非矿物组成的，例如沉积岩中的硅质岩常含有相当数量的蛋白石；火山岩中的珍珠岩主要由火山玻璃组成。

1.2 矿物的地质成因

目前，矿物学的主要研究对象是地球上由地质作用形成的矿物，一般将地质作用划分为内生作用、外生作用和变质作用。

1.2.1 内生作用

由地球内部热能引起的各种地质作用即为内生作用。在内生作用下的造岩和成矿过程中，与所形成的岩（矿）石同时期形成的矿物为原生矿物。除了部分火山作用到达地表外，其他内生作用都发生在地球内部，即在较高的温度和压力条件下进行的。内生作用主要包括岩浆作用、火山作用、热液作用和伟晶作用。其中岩浆作用和火山作用形成岩浆岩。

岩浆作用是指岩浆的形成、运动、变化直至冷凝结晶的地质过程。不同化学成分（SiO_2 含量）的岩浆形成不同类型的岩浆岩，如超基性岩（<45%）、基性岩（45%~53%）、中性岩（53%~66%）、酸性岩（>66%）。

火山作用又称喷发作用，是指岩浆喷出地表、冷凝成岩浆岩的活动过程。溢出地表的岩浆，非常像刚出炉的钢水，火红而炽热。据测定，岩浆的温度一般在 900~1200℃ 之间，最高可达 1400℃。在晴朗的天气和良好透视的情况下，熔岩流的颜色和相应温度的关系为：白色≥1150℃；金黄色≥1090℃；橙色≥900℃；亮的鲜红（樱桃红）≥700℃；暗红色≥550℃；隐约可见的红色≥475℃。

热液作用是指气水溶液（简称热液）在逐渐冷却或与围岩相互作用过程中形成矿物的地质作用。按其温度高低分为高温（600~300℃）、中温（300~200℃）和低温（200~50℃）三种热液作用。

伟晶作用是指由富含挥发组分（H_2O、F、Cl、B、OH 等）的岩浆的结晶作用或者由于大量挥发组分的交代作用、混合岩化作用形成伟晶岩或伟晶岩矿床的作用。

1.2.2 外生作用

在太阳能的影响下（在火山活动地区还有地球内部热能参与），在岩石圈、水圈、生物圈相互作用过程中发生的地质作用即为外生作用。外生作用是在地壳表层，较低的温度、压力和介质富含水、O_2、CO_2 及有机质条件下发生的，形成的矿物主要是氧化物、氢氧化物、含氧盐、卤化物等。外生作用形成沉积岩，包括风化作用和沉积作用。

风化作用是指露出于地表或近地表的已有矿物和岩石，在太阳能、大气、水及有机物的作用下发生机械破碎和化学分解的作用。风化作用的产物有碎屑、溶解物质和难溶物质。其中，难溶物质主要是在化学风化和生物化学风化作用中新形成的矿物或准矿物，如高岭石、蒙脱石及铝土矿、褐铁矿、蛋白石。

沉积作用主要是指风化作用的产物和部分火山喷出物及生物质，经水流、风或冰川的搬运，在地表某一地理环境中发生沉降堆积的作用，主要包括机械、化学和生物三种沉积作用。机械沉积作用导致岩石或矿石物理风化产物的重新分布，常见矿物有石英、长石等；而在化学和生物沉积作用过程中，则形成石膏、石盐、芒硝等易溶盐类矿物，以及方解石、白云石、软锰矿、高岭石、蒙脱石、磷灰石等氧化物、氢氧化物、部分含氧盐矿物。

在岩石或矿石形成之后，其中的矿物遭受化学变化而改造成的新生矿物为次生矿物，其化学组成和构造都经过改变而不同于原生矿物。

在地表及附近范围内，由于水、大气和生物的作用而形成的矿物为表生矿物。表生矿物主要包括江河湖泊等水域中的沉积矿物（如石盐、硅藻土等）以及原生矿物在地表条件下遭受破坏而转变成的次生矿物，如铁矿床中的褐铁矿，铅锌矿床中的铅矾等矿物。

1.2.3　变质作用

变质作用，是指由于地质环境和物理化学条件的改变，已有岩石的矿物成分、结构、构造发生变化，有时还伴随化学成分的变化并形成新岩石（变质岩）的地质作用。变质作用一般是在较高的温度和压力条件下进行的。变质作用形成变质岩，主要包括接触变质作用和区域变质作用。

接触变质作用是指由于岩浆释放的热能和挥发组分的作用，使岩浆熔融体与围岩接触带附近的岩石发生的变质作用。接触变质作用还可进一步分为接触热变质作用和接触交代变质作用，两者主要区别在于，接触热变质作用是指由于岩浆侵入体的高温烘烤使围岩发生的变质作用，而接触交代变质作用是指岩浆侵入体与围岩之间通过某些组分置换的交代作用而发生的变质作用。

区域变质作用是指伴随区域构造运动，在高温、高压和活动性流体等因素的综合作用下，使原有岩石的结构、构造和矿物成分发生变化的变质作用。在区域变质作用中，常形成分子体积小、密度大和富含（OH）$^-$ 的矿物。例如，在压力增大条件下可发生如下反应：

$$Mg_2[SiO_4] + Ca[Al_2Si_2O_8] \longrightarrow CaMg_2Al_2[SiO_4]_3$$

	镁橄榄石	钙长石	石榴子石
相对密度	3.3	2.76	3.52

1.3　矿物学及其主要研究内容

矿物材料学以矿物及准矿物为研究对象，是研究它们的化学成分、内部结构、外表形态、物理化学性质及其相互关系，并阐明它们的成因变化过程、鉴定特征、主要用途等知识体系的一门科学。它是研究地球及其他天体的物质组成和演化规律，并为其他地质学分支科学和材料学等应用科学提供理论和应用基础的地质学分支科学。

目前，矿物学一般以无机矿物为主要研究对象，可分为矿物晶体化学、矿物物理学、成因矿物学、应用矿物学等几个大的分支。此外，随着矿物学研究和应用领域的不断外延，产生了许多与其他科学的交叉学科，如天体矿物学、环境矿物学、土壤矿物学、生命矿物学等。

1.4 矿物资源在国民经济建设中的作用

矿物资源在国民经济建设中起着十分重要的作用，目前大约70%工业生产原料来自矿物，如冶金工业、机械制造业、化学工业、陶瓷工业、建材工业以及国防工业、航天工业等领域的大多数生产原料都来自矿物。

农业种植离不开土壤，而土壤是由矿物质、有机质和有机体及水分、空气等组成的混合体，其中，土壤中的矿物质（包括矿物和准矿物）通常占固相部分的90%以上。土壤的肥力和土壤改良都与矿物质有关。

可见人类的衣、食、住、用、行都与矿物密切相关。对矿物中有益组分的提取和对其性能的开发利用、对矿物中有害组分的无害化处理等是当前矿物资源利用的主要领域或方向。

1.5 矿物学发展简史

矿物学是一门很古老的科学，其产生和发展是人类长期生产实践的结果。早在我国史前的旧石器时代，我们的祖先即认识了矿物和岩石并用以制作生产工具（石器）和装饰品。

世界上描述矿物原料的最早著作应首推我国先秦重要古籍《山海经》，后来北宋科学家沈括（1031~1095）所著《梦溪笔谈》、明代李时珍（1518~1593）的《本草纲目》都对许多种矿物的成分、形态、性质、鉴定特征、产状、产地和医疗效用等进行过比较详细的记述。

德国自然科学家格奥尔格·阿格里科拉（Georgius Agricola，1494~1555）被誉为"矿物学之父"，在其遗著《论矿冶》（1556）中首先引入"矿物"一词。自19世纪中叶以来随着科学技术的突飞猛进，矿物学得到迅速发展，曾经历了几次重大变革。

首先是随着1857年偏光显微镜的问世以及化学分析和晶体测角等方法的应用，人们开始对矿物的化学成分、几何形态、物理和化学性质、产状等进行系统研究，极大地推动了矿物学发展，形成独立的学科，导致近代矿物学的第一次变革。

1912年德国物理学家劳厄（Laue，1879~1960）将X射线成功地应用于矿物晶体结构分析，认识到矿物的化学成分、晶体结构、物理性质之间的相互关系，开辟了现代矿物学的晶体化学方向，使矿物学发生了第二次变革，为矿物的晶体化学分类奠定了基础。

20世纪30年代，高温高压实验技术和热力学理论开始被引入矿物学领域，用以探讨矿物的形成、稳定和变化的条件，促进了矿物成因研究，实现了从描述矿物学阶段向成因矿物学研究阶段的飞跃，即矿物学发展史的第三次变革。

20世纪60年代以来，由于现代固体物理学、量子化学、晶体化学、物理化学、地球化学等理论的引入，以及微束探测技术（如电子探针、离子探针、扫描电镜、透射电镜、激光探针等）、波谱学技术（如激光光谱、红外光谱、质谱等）、热实验技术和电子计算机的应用，使矿物学研究在深度和广度上均发生了新的重大突破，遂进入现代矿物学全面发展阶段。

1.6　矿物学与其他学科的关系

矿物学与许多理论科学、技术科学、应用科学都有密切关系，其中矿物学与某些地质学科和基础学科的关系如图 1-1 所示。

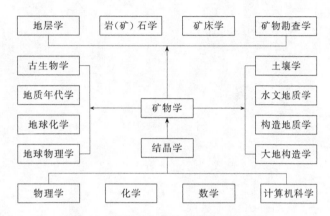

图 1-1　矿物学与其他部分学科的关系

由于矿物是晶体，因此以研究晶体的形成、外部形态、化学成分、内部结构和物理性质为任务的结晶学中的一系列内容是矿物学的重要基础。结晶学的研究范畴涉及各种成因晶体材料的共性问题，涵盖各类物理学、化学、数学和计算机科学等问题，而矿物学只涉及天然产出的矿物晶体。矿物学与结晶学的交叉即为矿物材料学，矿物材料学对常见无机材料的来源（矿物）、矿物的应用（材料）都有巨大的促进作用。本教材重点对矿物材料科学相关知识进行介绍。

地球化学是以研究地球化学元素在时间、空间上的分布、迁移、富集规律为主要内容的一门科学。而矿物则是化学元素在某一地质阶段存在的载体，或者说矿物是地壳中化学元素迁移过程中的"中间站"，而矿物的变化则是化学元素的迁移过程，也是时间和周围环境（物理条件、生物）等共同作用的结果，因此，矿物学和地球化学、地球年代学和地球物理学等关系极为密切。

矿物是岩石、矿石的基本组成单位，因此矿物学是地层学、岩（矿）石学、矿床学的基础，通过岩（矿）石学、矿床学的研究又可促进对矿物成因、变化等方面的研究，并为矿物勘查提供指导依据。矿物学还与构造地质学、大地构造学、水文地质学、土壤学等有直接的联系或存在交叉关系。

从矿物资源在国民经济建设中的作用和矿物学与其他学科的关系可以看出，矿物学是资源勘查工程、地质工程、矿物加工工程、材料学及相关专业学生需要重点掌握的专业基础课。学习矿物学是培养相关科学和工程技术人才掌握基本理论、基本知识和基本技能的重要教学环节。

思 考 题

1. 何谓矿物和准矿物？矿物学的主要研究内容有哪些？
2. 食盐、自然金、玻璃、人造金刚石、花岗岩、石英、石油是否为矿物？为什么？
3. 矿物的地质作用有哪些？
4. 矿物资源在国民经济建设中的作用主要体现在哪些方面？
5. 矿物学有哪些主要分支？
6. 为什么要学习矿物学？

第**2**章

矿物的结构与形态

根据矿物的定义可知矿物的结构就是矿物的晶体结构,矿物的基本特征取决于晶体的基本性质。此外,矿物的外在形态如矿物单体的晶体形态、同种矿物晶体的多个单体规则连生的形态、许多同种矿物集合体的形态等,本质上受矿物的内部晶体结构控制。因此在学习矿物及其基本特征之前,首先应了解晶体及其基本性质。

2.1 晶体的概念与基本性质

2.1.1 晶体的概念

晶体是自然界中最常见的一类固体。在人类日常生活中,晶体无处不在,如厨房中的食盐、冰糖等都是由晶体组成的。人类早期对晶体的认识停留在天然产出的具有规则的几何多面体外形的固体,如水晶(无色透明的 SiO_2),黄铁矿 FeS_2,如图 2-1 所示。

(a) 水晶   (b) 黄铁矿

图 2-1 水晶和黄铁矿

后来人们在实践中认识到,只要具备良好的生长条件(特别是空间条件),所有的晶体都能自发形成规则的几何多面体，这种现象必然与其内部结构密切相关。

自 1912 年 X 射线衍射分析技术被应用到物质结构测定之后，人们发现晶体（Crystal）是内部质点（离子、原子或分子）在三维空间周期性重复排列构成的固体物质。内部质点在三维空间周期性重复排列也称格子构造，因此晶体也是具有格子构造的固体。图 2-2 是 NaCl 晶体的内部结构。

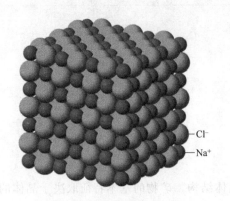

图 2-2　NaCl 晶体的内部结构　　　　　　图 2-3　晶胞参数示意

格子构造即为晶体结构可以根据内部质点的排列规律画出一个一个的晶胞。晶胞是晶体结构中的最小重复单元，也即晶体结构是由无数个晶胞在三维空间平行堆积而成。晶胞的形状是一个平行六面体，其性质决定于其 3 个棱长（a，b，c）的相对大小及 3 个棱之间的夹角（α，β，γ），如图 2-3 所示。晶胞的形状和大小可以用 a、b、c，α、β、γ 这 6 个数值来表示，此即为晶胞参数。

每个晶体都有特定的晶胞参数，如石英的晶胞参数为 $a=b=4.912Å$、$c=5.416Å$、$\alpha=\beta=90°$、$\gamma=120°$；金刚石的晶胞参数为 $a=b=c=3.562Å$、$\alpha=\beta=\gamma=90°$。

不难发现，NaCl 晶体结构中，晶胞的形状是一个立方体，其 3 个棱长和棱间夹角满足：$a=b=c$、$\alpha=\beta=\gamma=90°$。当然，晶胞的形状还可以是其他类型，如图 2-4 所示。不同形状的晶胞所构成的晶体结构具有完全不同的性质。因此，根据晶胞的 7 种形状可将晶体划分为 7 大晶系。

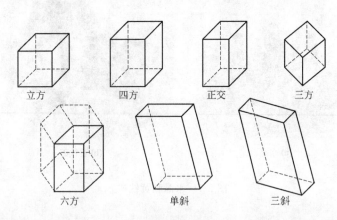

立方　　　　　四方　　　　　正交　　　　　三方

六方　　　　　单斜　　　　　三斜

图 2-4　晶胞的 7 种形状

与晶体相反，不具格子构造的固体物质为非晶体（non-crystal）。日常所见的玻璃就是一类典型的非晶体材料。图 2-5 为晶体和非晶体的结构图。如图 2-5 所示，晶体具格子构造，非晶体不具格子构造。然而在很小的范围内，非晶体也具有某些有序性（如 1 个黑圆点周围分布 3 个白圆点），这与晶体结构中的情况一样。这种局部的有序称为近程规律，而在整个晶体结构范围的有序则为远程规律。显然，晶体既有近程规律也有远程规律，而非晶体则只有近程规律。

液体的结构与非晶体结构相似，只具有近程规律；而气体由于分子无规律的热运动导致其既无远程规律也无近程规律。

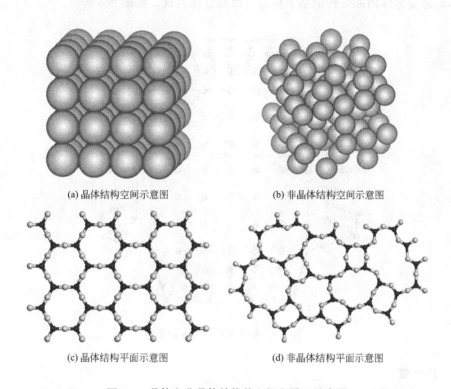

(a) 晶体结构空间示意图　　　　　　　　(b) 非晶体结构空间示意图

(c) 晶体结构平面示意图　　　　　　　　(d) 非晶体结构平面示意图

图 2-5　晶体和非晶体结构的空间和平面示意图

晶体与非晶体在一定条件下是可以互相转化的，例如，岩浆快速冷凝而成的火山玻璃，在漫长的地质年代中，其内部质点缓慢扩散，并调整至趋于规则排列，即由非晶体转化为晶体，这一过程称为晶化（crystallizing）或脱玻化（devitrification）。晶化过程可以自发进行，因为非晶体内能高、不稳定，而晶体内能低、稳定。所以晶化过程也是放热的，如水结冰。相反，晶体也可因内部质点的规则排列遭到破坏而转化为非晶体，这个过程称为非晶化（non-crystallizing）。非晶化一般需要外能，例如由于受热熔化或受高能 α 射线等作用，晶体遭到破坏而转变为非晶体。

晶体比非晶体稳定，因此晶体的分布非常广泛，自然界的固体物质中，绝大多数是晶体。我们日常生活中接触到的金属器材、食盐、糖等，大多数是由晶体组成的。在这些物质中，晶体颗粒大小悬殊，有的晶体粒度可达几米，但有的晶体（例如在土壤中的晶体）则只有微米级大小。

2.1.2 晶体的基本性质

晶体是具有格子构造的固体，因此也就具备由格子构造所决定的基本性质。这些性质也即为晶体的基本性质，包括自限性、均一性、各向异性、对称性、最小内能性和稳定性。

2.1.2.1 自限性

在适当条件下晶体可自发形成几何多面体外形，此即为自限性（self-confinement）。格子构造的宏观体现就是在晶体表面上发育出平的晶面与直的晶棱，因此晶体能自发地形成几何多面体形态是晶体内部结构的格子构造规律的外在表现，如图 2-6 所示。

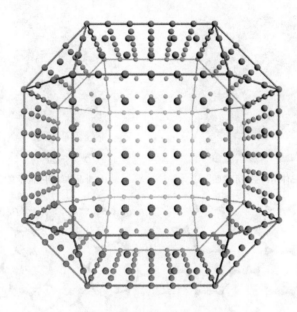

图 2-6　晶体几何多面体形态

2.1.2.2 均一性

晶体是具有格子构造的固体，在同一晶体的各个不同部分，质点的分布是一样的，因而晶体的各个部分的物理性质与化学性质也是相同的，即为晶体的均一性（homogeneity）。

值得注意的是非晶体也具有均一性，如玻璃的不同部分折射率、膨胀系数、热导率等都是相同的。非晶体的质点排列不具有格子构造，虽然质点排列看似无章，但是从统计、平均的意义上看，不同部分结构具有相同性，为此非晶体的均一性是统计的、平均近似的均一，称为统计均一性；而晶体的均一性是绝对均一性，取决于其格子构造，称为结晶均一性。两者有本质的区别，不能混为一谈。液体和气体也具有统计均一性。

2.1.2.3 各向异性

同一格子构造中，不同方向上的质点排列一般不一样，因此晶体的性质随方向的不同而有差异，此即晶体的各向异性（anisotropy）。如蓝晶石的硬度，随方向的不同而有显著的差别，如图 2-7 所示，平行晶体延长的方向（图 2-7 竖直方向）可被小刀刻划，而垂直晶体延长方向（图 2-7 水平方向）则不能被小刀刻划，因此也称二硬石。又如云母、方解石等矿物晶体，具有完好的解理，受力后可沿晶体一定的方向，裂开成光滑的平面，而沿其他方向则不能裂开为光滑平面。在矿物晶体的力学、热学、光学、电学等性质中，都有明显的各向异性的体现。此外，晶体的规则多面体形态也是其各向异性的一种表现，无各向异性的外形应该是球形。

非晶质体一般具有各向同性，其性质不因方向而有所差别。因此，非晶质体的外形也不可能是几何多面体形状，而多呈浑圆状。

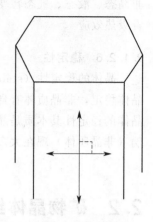

图 2-7 蓝晶石硬度各向异性示意

2.1.2.4 对称性

晶体具有各向异性，但这并不排斥在某些特定的方向上具有相同的性质。在晶体的外形上，也常有相等的晶面、晶棱和角顶重复出现。这种周期性的重复排列规律本身就是一种对称性。对称性是晶体极重要的性质，是晶体分类的基础，根据晶体的对称特点，可将晶体分为 3 大晶族，7 大晶系，见表 2-1。

表 2-1 晶体的对称分类

晶族	晶系	对称特点	晶胞参数特点
低级晶族	三斜（triclinic）	对称程度低，前后、左右、上下 3 组方向彼此不对称	$a \neq b \neq c$ $\alpha \neq \beta \neq \gamma \neq 90°$
	单斜（monoclinic）		$a \neq b \neq c$ $\alpha = \gamma = 90°, \beta \neq 90°$
	正交（orthorhombic）		$a \neq b \neq c$ $\alpha = \beta = \gamma = 90°$
中级晶族	四方（tetragonal）	对称程度较高，在直立方向（c）上分别有 1 个 4 次（四方）、3 次（三方）、6 次（六方）旋转对称轴	$a = b \neq c$ $\alpha = \beta = \gamma = 90°$
	三方（trigonal）		$a = b \neq c$ $\alpha = \beta = 90°, \gamma = 120°$
	六方（hexagonal）		$a = b \neq c$ $\alpha = \beta = 90°, \gamma = 120°$
高级晶族	立方（cubic）	对称程度高，前后、左右、上下 3 组方向彼此都对称	$a = b = c$ $\alpha = \beta = \gamma = 90°$

2.1.2.5 最小内能性

在相同的温度、压力等热力学条件下，晶体与同种物质的非晶质体、液体、气体相比较，其内能最小，这就是晶体的最小内能性（minimum internal energy）。内能包括质点的动能与势能（位能）。动能与物质所处的热力学条件相关，温度越高，质点的热运动越强，动能也就越大，因此它不能直接用来比较同组分、不同形态间物质的内能大小。可用来比较内能大小的只有势能，势能取决于质点间的距离与排列。晶体是具有格子构造的固体，其内部质点是规律排列的，这种规律的排列是质点间的引力与斥力达到平衡的结果。在这种情况下，无论质点间的距离增大或缩小，都将导致质点相对势能的增加。非晶质体、液体、气体由于它们内部质点的排列是不规律的，质点间的距离不是平衡距离，从而导致它们的势能较晶体的势能更高。即为相同的热力学条件下，它们的内能都比晶体大。实验证明，当物体由非晶态、液态、气态转变到结晶态时，都有热能的释放；相反，晶格结构被破坏也必然伴随着吸热效应。

2.1.2.6 稳定性

晶体的稳定性（stability）是指在相同的热力学条件下，晶体比具有相同化学成分的非晶体稳定，非晶质体有自发转变为晶体的必然趋势，而晶体决不会自发地转变为非晶质体。晶体的稳定性其本质是晶体具有最小内能性的必然结果。因此，在地壳上早期形成的火山玻璃（非晶质体）现在大多已经自发地转化成晶体了。

2.2 矿物晶体结构的形式及其描述方法

晶体结构由原子、离子组成，为了描述晶体结构中原子、离子的分布特征，采用球体最紧密堆积形式和配位多面体及其连接形式来描述晶体结构，从中可以知道晶体结构中阴、阳离子或原子间的结合情况及分布情况。

2.2.1 球体最紧密堆积形式

2.2.1.1 球体最紧密堆积原理

在离子键与金属键晶体中，离子和原子都是球形的，且成键时没有方向性和饱和性。具有离子键或金属键的晶体，其内部的离子、原子在形成晶体结构时，遵循球体最紧密堆积原理，因为越紧密结构就越稳定，而晶体结构就是一种稳定结构，所以离子键和金属键的晶体结构就是一种球体紧密堆积的形式。对于这些较简单的离子键晶体和金属键晶体，可以采取球体最紧密堆积原理来描述其晶体结构。

2.2.1.2 球体最紧密堆积形式

图 2-8(a) 是一层等大球最紧密堆积的形式；图 2-8(b) 则是一层非紧密堆积的形式，非紧密堆积结构是不太稳定的；图 2-8(c) 是两层等大球最紧密堆积的形式，第 3 层、第 4层……可以重复地堆积下去，这样就可以形成晶体结构了。从图 2-8 可以看出，球与球之间紧密接触、球堆积在其他球所形成的空隙里，就是最紧密的。晶体结构看似复杂，其实许多离子键和金属键晶体结构中的原子、离子排列就像球体堆积起来一样简单。

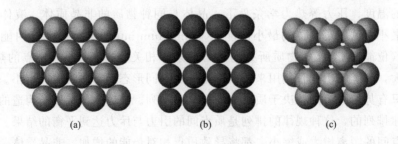

$$(a) \qquad\qquad (b) \qquad\qquad (c)$$

图 2-8 等大球堆积形式图

对于离子键晶体，由于阴离子大、阳离子小，可视为阴离子作等大球最紧密堆积，阳离子充填在阴离子堆积所形成的空隙中。在等大球最紧密堆积结构中，空隙类型有两种：四面体空隙和八面体空隙，空隙的数量与球体的数量关系为：n 个球最紧密堆积形成的八面体空隙数是 n 个，四面体空隙数是 $2n$ 个。图 2-9 以体心立方晶胞为例，列出了八面体空隙和四面体空隙的具体棱边参数，其中体心立方晶胞的晶胞参数为 a。

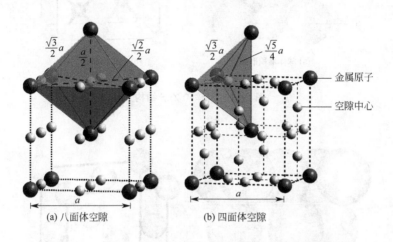

(a) 八面体空隙　　(b) 四面体空隙

图 2-9　体心立方晶胞的八面体空隙和四面体空隙示意图

2.2.1.3　球体最紧密堆积描述

对于一些离子键和金属键晶体结构，可以用球体堆积形式来描述。例如 NaCl 结构（图 2-10），可描述为：Cl^- 作最紧密堆积，Na^+ 充填在所有八面体空隙中。根据球体与空隙数量比值关系，可得其阴、阳离子数量比为 1∶1。再例如闪锌矿 ZnS 结构（图 2-11），可以描述为：S^{2-} 作最紧密堆积，Zn^{2+} 充填在半数的四面体空隙中。根据上述球体与空隙数量的比值关系，我们得出其阴、阳离子数量比为 1∶1。对于金属键晶体，就视为金属原子作等大球最紧密堆积，形成的空隙中没有被其他原子、离子充填，例如自然金 Au 的结构，就是 Au 原子作最紧密堆积形成的（图 2-12）。

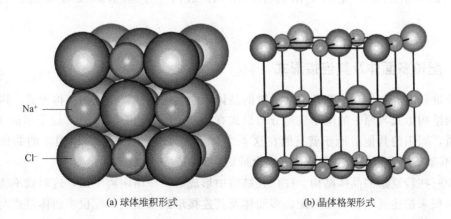

(a) 球体堆积形式　　(b) 晶体格架形式

图 2-10　NaCl 结构

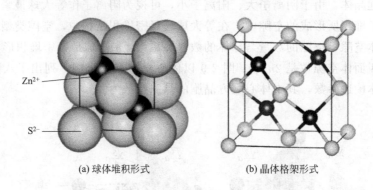

(a) 球体堆积形式　　　　　　(b) 晶体格架形式

图 2-11　闪锌矿 ZnS 结构

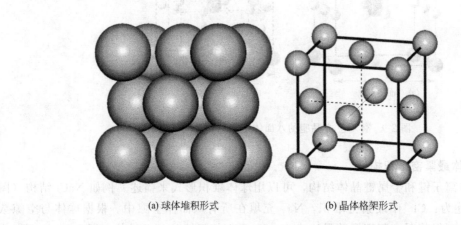

(a) 球体堆积形式　　　　　　(b) 晶体格架形式

图 2-12　自然金 Au 的结构

对比图 2-10 的 NaCl 结构、图 2-11 的 ZnS 结构和图 2-12 的 Au 结构，发现它们的结构是很相似的，区别仅在于：NaCl 结构中，八面体空隙里面充填了阳离子；ZnS 结构中，四面体空隙里面充填了阳离子；而 Au 结构中空隙里面没有充填任何原子、离子。

2.2.2　配位多面体及其连接形式

共价键具有方向性和饱和性，共价键的晶体不能实现球体紧密堆积结构形式，因此共价键晶体的结构形式与原子的电子轨道分布形式有关。例如金刚石，由于 C 原子形成 4 个 sp^3 杂化轨道，周围的其他 C 原子就只能在这 4 个杂化轨道上形成 4 个方向固定的共价键（图 2-13），不像球体堆积那般可在任何方向上成键实现最紧密堆积。

对于一些较复杂的晶体结构，往往在结构中形成了一些络阴离子团，这时就不能简单地用球体堆积来描述其结构，而用配位多面体及其连接形式来描述。配位多面体是指与某个中心离子或原子成配位关系（即成键关系）的周围离子或原子形成的一个几何多面体，配位数则是与中心离子、原子成配位关系的异号离子或原子数目。一般以阳离子为中心，将阳离子周围的阴离子中心连线可以形成一个阴离子配位多面体。有些阴离子配位多面体实际上就相当于络阴离子团。在晶体结构中，最基本、最常见的配位多面体为四面体和八面体，此外亦有立方体、变形多面体等复杂形式的配位多面体。

在用配位多面体及其连接形式来描述结构时，首先描述是什么配位多面体，然后描述这些配位多面体以什么方式连接，如共角顶、共棱或共面形式连接。例如钙铝石榴子石 $Ca_3Al_2[SiO_4]_3$ 的结构，描述为：Si^{4+} 与 4 个 O^{2-} 形成 $[SiO_4]$ 四面体配位多面体，$[SiO_4]$ 四面体彼此孤立；Al^{3+} 与 6 个 O^{2-} 形成 $[AlO_6]$ 八面体配位多面体，$[AlO_6]$ 八面体彼此孤立；Ca^{2+} 与 8 个 O^{2-} 形成 $[CaO_8]$ 不规则立方体配位多面体，$[CaO_8]$ 不规则立方体彼此共棱连接；$[SiO_4]$ 四面体与 $[AlO_6]$ 八面体以共角顶连接，而 $[SiO_4]$ 四面体与 $[CaO_8]$ 不规则立方体、$[AlO_6]$ 八面体与 $[CaO_8]$ 不规则立方体均为共棱连接（图 2-14）。

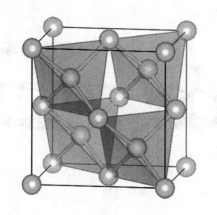

图 2-13　金刚石的结构

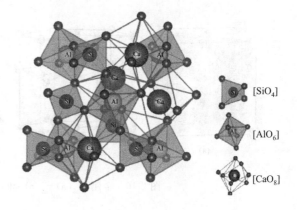

图 2-14　钙铝石榴子石 $Ca_3Al_2[SiO_4]_3$ 的结构

其实，在用球体最紧密堆积结构的描述中，也可以用配位多面体来描述，例如 NaCl 结构，可以描述为：Na^+ 与周围的 6 个 Cl^- 形成 $[NaCl_6]$ 八面体配位多面体，它们之间共角顶和棱连接，见图 2-15(a)；再如闪锌矿结构，可以描述为：Zn^{2+} 与周围的 4 个 S^{2-} 形成 $[ZnS]$ 四面体配位多面体，它们之间共角顶连接，见图 2-15(b)。

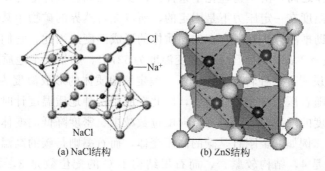

(a) NaCl结构　　　(b) ZnS结构

图 2-15　NaCl 结构和 ZnS 结构中的配位多面体及其连接形式示意

由以上的结构描述中我们可以看到，四面体和八面体在晶体结构中占有非常重要的地位，许多矿物晶体结构都是由四面体、八面体组成的，在球体堆积结构中形成的空隙也是四面体与八面体。

2.3 矿物晶体结构的变化

2.3.1 同质多象

矿物晶体结构形成后，如果外界的温度、压力等条件发生变化，晶体结构就会失稳而发生相变，形成另一种晶体结构。同种化学成分的物质，在不同的物理化学条件（温度、压力、介质）下，形成不同结构的晶体，称为同质多象（polymorphism）。这些不同结构的晶体，称为该成分的同质多象变体。例如，石墨和金刚石就是碳（C）的两个同质多象变体，它们的晶体结构如图 2-16 所示。

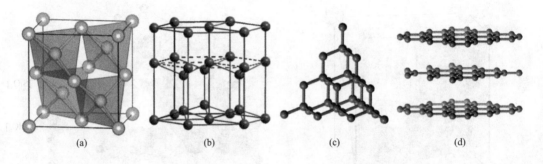

图 2-16　金刚石（a）、（c）和石墨（b）、（d）的晶体结构

同质多象的每一个种变体都有它一定的热力学稳定范围，都具备各自特有的形态和物理性质，并且这种形态与物性的差异较大，如金刚石与石墨的物理性质等就相差悬殊。因此，在矿物学中它们都是独立的矿物种。

同种物质的同质多象变体，常根据它们的形成温度从低到高在其名称或成分之前冠以 α、β、γ 等希腊字母以示区别，如 α-石英、β-石英等，并且通常以 α 代表低温变体，β、γ 等代表高温变体。

同质多象各变体之间，由于物理化学条件的改变，在固态条件下可发生相互转变。同质多象变体间的转变温度在一定压力下是固定的，所以在自然界的矿物中某种变体的存在或某种转化过程可以帮助推测该矿物所存在的地质体的形成温度。因此，它们被称为"地质温度计"。例如，α-石英→β-石英，常压下其转变温度为 537℃，如果某个地质体中发现有 α-石英和 β-石英共存，则说明有这种转变，因此可以确定该地质体的形成温度为 537℃。值得注意的是转变温度还会随着压力的变化而改变，因此在应用这种地质温度计时应综合考虑。

一般来说，温度的增高促使同质多象向配位数减少、密度降低的变体方向转变；而压力的作用却正好相反。例如，金刚石是碳的高压变体，而石墨则是碳的高温变体；金刚石结构中 C 原子的配位数是 4，结构较紧密，而石墨结构中 C 的配位数是 3，为较疏松的层状结构。以石墨为原料制造金刚石，需在极高的压力下进行。

从能量关系的角度来看，一切同质多象变体间的转变都取决于最小自由能条件，并遵守吉布斯相律。在一定的物理化学条件下，如果晶体结构的改变能使体系的自由能降低，这时就有发生同质多象转变的必然趋势。但转变的快慢及是否可逆，则取决于阻碍这种转变发生的能垒的高低，亦即取决于不同变体之间晶体结构差异的大小。结构间的差异大，改变原有结构所需的活化能就高，同质多象转变的能垒就高。因此，一种变体在新的物理化学条件下尽管已经变得不再稳定，但如果不能越过这一能垒，它就可以长期处于亚稳状态而不发生同质多象转变。如图 2-17 所示，石墨是常温常压稳定相，金刚石是高温高压相，金刚石在常温常压下也能以亚稳相存在，主要就是因为金刚石与石墨之间的相变存在巨大的能垒。图 2-17(a) 中黑点表示固-液-气三相相变点，温度为 $4600\pm300K$，压力为 $10.8\pm0.2MPa$。

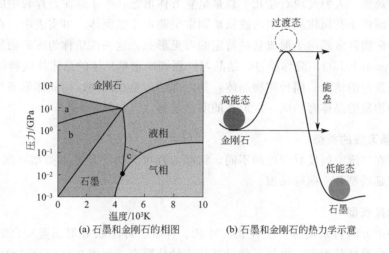

(a) 石墨和金刚石的相图　　　　(b) 石墨和金刚石的热力学示意

图 2-17　石墨和金刚石的相图及热力学示意

a—金刚石和亚稳态石墨共存区；b—石墨和亚稳态金刚石共存区；c—亚稳液态区如图 2-17(a) 所示

2.3.2　副象与假象

一种物质在发生同质多象转变时，随着晶体结构的改变，其各项物理性质也相应发生突变，但原来变体的晶形却并不会因此发生变化，而是为新的变体所继承下来。一种同质多象变体继承了另一种变体之晶形的现象，称为副象（paramorphism）。例如在某些火山岩里有一些六方双锥状的 β-石英，这些 β-石英在温度下降的过程中已经变为 α-石英了，但仍然保留 β-石英的六方双锥状的晶形。根据 α-石英的晶体结构及对称性，α-石英的结晶形态不可能是六方双锥状的。

副象应与假象相区别：假象（pseudomorph）是指一种矿物由于与环境发生了交代反应而形成了一种新的矿物（即成分、结构都变了），但仍然保留原矿物的晶形。例如呈立方体晶形的黄铁矿 $Fe[S_2]$ 在地表风化条件下形成了褐铁矿（$FeOOH$ 等），但依旧保留黄铁矿的立方体晶形。

2.4　矿物单体的形态

矿场单体的形态是指矿物单晶体的形态，它与晶体结构有关。晶体有自限性，可以自发地生长形成规则的几何多面体形态，晶体还有对称性，晶体的几何多面体外形上的晶面往往对称地分布。晶体形态及其对称规律是很复杂的，在此只介绍矿物单晶体的总体形貌，即晶体习性或结晶习性。

2.4.1　结晶习性

2.4.1.1　结晶习性的概念

通过实际观察，人们发现石盐几乎总是呈立方体形态；产于绿泥石片岩中的磁铁矿通常呈八面体状，而产于花岗伟晶岩中的磁铁矿则常呈菱形十二面体。事实表明，在一定的生成条件下，同种矿物常常趋向于形成某种特定的习见形态，这一性质称为该矿物的结晶习性或晶体习性（crystal habit），简称晶习。结晶习性强调矿物单晶体的总体外貌特征，即晶体形态在三维空间发育的情况。同种矿物晶体，其内部结构是相同的，而晶体形态与内部结构有关，因此同种物质的晶体有形成一定形态的明显趋势。

2.4.1.2　结晶习性的类型

根据晶体在三维空间发育程度的不同，结晶习性可分为 3 种基本类型（图 2-18）：一向延长型、二向延展型和三向等长型。

(1) 一向延长型

晶体沿一个方向特别发育，呈柱状、杆状、针状、纤维状等形态类型。如石英、绿柱石、红柱石等常呈柱状形态，电气石常呈杆状或针状形态。如图 2-18(d)～(g)所示。

(2) 二向延展型

晶体沿两个方向（呈平面状）特别发育，呈板状、片状、鳞片状和叶片状等。如重晶石、黑钨矿常呈板状形态，云母、石墨等常呈片状、鳞片状。如图 2-18(h)～(j)所示。

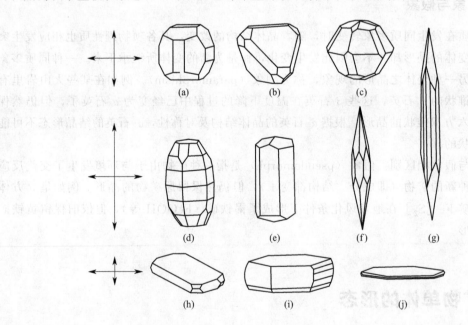

图 2-18　晶体习性示意

(3)　三向等长型

晶体在三维空间沿 3 个方向发育大致相等，呈粒状或等轴状。如橄榄石、黄铁矿和石榴子石等。如图 2-18(a)～(c)所示。

还有一些矿物的形态为上述三种基本形态之间的过渡类型，如介于二向延展型和三向近等型之间的厚板状、介于一向延长型和三向近等型之间的短柱状、介于一向延长型和二向延展型之间的板条状等。对于少数近于理想形态的实际单体形态，则常直接以理想形态的单形或聚形名称说明其晶体习性。

多数矿物晶体的晶体习性基本保持不变，如橄榄石、石榴子石、黄铁矿总是粒状的，云母、石墨总是片状的，石英、角闪石总是柱状的。但也有少数矿物晶体的晶习随温度、杂质等外因而改变，例如高温结晶的方解石具有片状晶习，而在中低温结晶的方解石具有柱状及锥状晶习。

2.4.1.3　晶习的影响因素

晶体外形是其内部结构的外在反映，晶体形态表现出来的晶习必然受晶体结构的制约（晶体结构则主要取决于其化学成分），因此晶体结构是决定晶习的主要因素。晶体结构对称程度高的立方晶系矿物，具有等轴状或粒状晶习；中级晶族的矿物一般沿 Z 轴呈柱状、针状或垂直 Z 轴发育为板状或片状。

对于对称程度较低的矿物而言，矿物往往沿化学键强的方向发育，如辉石、闪石等具链状结构的矿物常呈柱状或针状晶习；具层状结构的云母呈片状、鳞片状晶习等。

除受晶体结构的制约外，晶习还受晶体生长时外部条件的影响，如生长介质中阴、阳离子的浓度，介质的温度、压力、酸碱度以及所含杂质情况、晶体的生长空间等都会不同程度地影响晶习。研究资料表明：萤石在碱性介质中 F^- 在晶芽生长中起主导作用，{100} 面网发育，形成立方体形态；而在酸性介质中，Ca^{2+} 在晶芽生长中起主导作用，{111} 面网发育，形成八面体形态。又如，方解石随着介质温度的降低会依次形成板状、菱面体、复三方偏三角面体等形态。

总之，每种矿物常常具有相对固定或出现概率较大的几种形态，主要是由它们特定的晶体结构和化学成分决定的。而每种矿物在可能出现的几种形态中究竟呈现何种形态，则取决它的形成条件。即矿物的形态是其晶体结构、化学成分和形成条件综合控制的结果。

2.4.2　矿物晶形的发育程度

晶形，即晶体的形态，按其发育的完善程度可分为自形晶、半自形晶和他形晶三种类型。

2.4.2.1　自形晶

自形晶是指矿物的轮廓均为晶面所限定的几何多面体。自形晶通常是在具有良好的空间、充足的结晶时间条件下形成的，或者与矿物具有较强的结晶力有关。如某些矽卡岩中的石榴子石、绿泥石片岩中的磁铁矿等常呈自形晶。

2.4.2.2　半自形晶

半自形晶是指矿物晶体发育不完整，其轮廓由晶面、不平坦或不规则面共同组成的晶体。其生长条件一般介于自形晶与他形晶生长条件之间。辉长岩中的普通辉石和斜长石常呈半自形晶。

2.4.2.3 他形晶

他形晶是指受空间限制，矿物晶体不能发育成自己应有的形状，而只是填充空隙，其形状决定于空隙的形状。他形晶矿物外形缺乏晶面，其轮廓由不平坦或不规则状界面组成的晶体。一般是在与自形晶生长条件相反的情况下形成的，或者与岩浆熔蚀、溶液的溶蚀或交代作用有关。如花岗岩中的石英呈他形晶，主要与结晶较晚、没有良好的生长空间有关。

2.4.3 晶面花纹

矿物实际晶体的晶面一般都不是非常光滑的理想平面，常常出现一些细微的有规则的条纹、丘状体（生长丘）、凹坑（蚀象）等，这些矿物表面的微观形态统称为矿物的微形貌（晶面花纹）。晶面花纹是晶体生长过程中在晶面上留下的痕迹，通过晶面花纹也能反映晶面内部结构与外部生长条件的信息。按其形成的原因分为聚形条纹、生长台阶、生长丘和蚀象4种。

2.4.3.1 聚形条纹

由于不同晶面反复相聚、交替生长而在晶面上出现一系列直线状平行条纹，即称聚形条纹。它是晶体在生长过程中形成的，仅见于晶面上，故又称为生长条纹或晶面条纹。例如，石英柱面上的聚形横纹，是由六方柱与上面的锥面（菱面体晶面）反复交替发育而形成的；电气石柱面上的聚形纵纹是生长过程中三方柱与六方柱聚合产生的；黄铁矿的立方体晶面上3组互相垂直的条纹，是由立方体与五角十二面体的晶面反复交替发育而形成的。聚形条纹是某些矿物晶体特有的现象，可以根据聚形条纹来鉴定矿物。见附录I晶面花纹。

2.4.3.2 生长台阶

晶体的生长是在晶面上一层一层生长的，这种一层一层地相继生长，会在晶面上留下台阶，台阶的形状可以是多边形，也可以是螺旋状。一般来说，螺旋状生长台阶反映生长时的浓度较低、温度较低，而多边形的生长台阶反映晶体生长时浓度较高、温度较高。见附录I晶面花纹。

2.4.3.3 生长丘

晶体生长过程中形成的、略凸出于晶面之上的丘状体。生长丘是由于质点在晶面上局部晶格缺陷堆积生长而形成的。如绿柱石和金刚石锥面上的生长丘。见附录I晶面花纹。

2.4.3.4 蚀象

蚀象是指晶体形成后，晶面因受溶蚀而留下的凹坑（即蚀坑）。蚀象受晶体内部质点排列方式的控制，因而不同矿物的晶体及同一晶体不同类型的晶面上，其蚀象的形状和取向各不相同。只有同一晶体同一类型的晶面上的蚀象才相同，因此可利用蚀象来鉴定矿物、确定晶面类型及晶体的真实对称。如石英晶体各晶面的蚀象。见附录I晶面花纹。

2.5　矿物单体的规则连生体形态

矿场单晶体有时还出现多个规则连生在一起的现象，既然是规则连生，各单体之间的结晶学方位就一定是有规律的。这种规则连生体常见的有平行连晶（parallel grouping）和双晶（twin）。

2.5.1　平行连晶

多个同种矿物晶体以完全相同的结晶学方位平行地连生在一起，如明矾八面体晶体的平行连生，萤石立方体晶体的平行连生，见图 2-19。

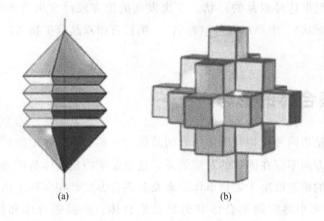

图 2-19　明矾晶体（a）和萤石晶体（b）的平行连晶

2.5.2　双晶

两个或多个同种矿物晶体以某种对称规律的方位连生在一起，具体的对称规律有多种，如以对称面的规律（即镜面对称规律）连生［图 2-20（a）］和以对称轴的规律（即旋转对称规律）连生［图 2-20（b）］。

有时还可以形成许多单体以相同的对称规律连生的现象。如斜长石的聚片双晶［图 2-20（c）］，其中相邻单体是以对称面的规律联系的，而相间单体之间却具有完全相同的结晶学方位。

聚片双晶在解理面和晶面上会形成条纹，称聚片双晶纹。聚片双晶纹容易与聚形条纹相混淆，注意两者的区别：聚片双晶纹是由双晶中各单体之间的结合面所造成。这种接合面贯穿整个双晶体，所以在与接合面近于垂直的任意界面（包括晶面、晶体破裂形成的解理面等）均可见到聚片双晶纹；而聚形条纹是由晶面生长形成的，它只能在晶面上见到，晶体内部不可能有聚形条纹。另外，从现象上也可以区分聚片双晶纹与聚形条纹，聚片双晶纹的条纹粗细均匀、较密集（附录Ⅰ规则连生中斜长石），而聚形条纹的条纹粗细不均匀、较稀疏（附录Ⅰ晶面花纹中石英）。

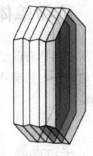

(a) 石膏燕尾双晶   (b) 钾长石卡斯巴双晶   (c) 斜长石聚片双晶

图 2-20　典型双晶模型

　　双晶有时还可根据这种双晶的形状、首次发现的地方或经常出现该双晶的矿物进行命名，如燕尾双晶（形状）、卡斯巴双晶（地名）、钠长石律双晶（矿物名）。

2.6　矿物集合体的形态

　　矿物集合体，是指同种矿物各单体集合的总体。在矿物集合体中，矿物单体的集合方式与矿物单体的结晶方向不存在固定的对应关系，这也是矿物集合体与矿物规则连生体的不同之处。矿物集合体的形态取决于矿物单体形态及其集合方式。在实际工作中，通常按矿物集合体中矿物单体的大小将矿物集合体分为显晶集合体、隐晶集合体和胶体矿物三大基本类型。

2.6.1　矿物多晶（显晶）集合体形态

　　矿物多晶（显晶）集合体是指同种矿物的多个单体聚集在一起的整体，在这个整体中可以肉眼或借助于放大镜来分辨单个晶体大小及其形态特点。矿物多晶（显晶）集合体形态的描述比较简单，根据单晶体的形状特点来描述即可。矿物多晶（显晶）集合体有粒状、片状和柱状 3 种类型集合体。

2.6.1.1　粒状集合体

　　由矿物单晶体颗粒聚集而成。颗粒的形态多近于三向等长形。按照矿物单体颗粒大小不同可划分为粗粒（颗粒直径＞5mm）、中粒（颗粒直径为 1～5mm）和细粒（颗粒直径＜1mm）共 3 个等级。

2.6.1.2　片状集合体

　　在集合体中矿物颗粒为两向伸长形，由大到小、由厚到薄的不同，可分别构成板状、片状、鳞片状集合体。

2.6.1.3 柱状集合体

颗粒为一向伸长形，则会形成柱状、针状、毛发状、纤维状、放射状集合体。如果这些柱状晶体有共同基底，形成一种矿物或不同矿物的晶体群，称晶簇（附录Ⅰ集合体形态中石英晶簇）。与基底成最大倾斜角度的晶体最易发育，而其他的晶体由于在生长过程中受到阻碍会逐渐被淘汰，这种几何淘汰的现象是形成晶簇的原因。

2.6.2 隐晶集合体和胶体矿物形态

隐晶集合体是指凭肉眼或借助放大镜不能分辨矿物单体的矿物集合体。对于通常视为准矿物的胶体矿物而言，尤其是那些分散相为非晶质的胶体矿物，由于不存在矿物单体，当然也就不存在矿物集合体。然而，胶体矿物也有自己的形态特征，且陈化后的变胶体矿物仍常保留原有胶体矿物的形态。在矿物学中习惯上将胶体矿物所具有的形态与隐晶矿物集合体形态一并描述。隐晶集合体和胶体矿物形态的主要类型有：分泌体、结核体、鲕粒、豆粒、钟乳状体等。隐晶集合体和胶体矿物的其他类型主要有被膜状集合体、粉末状集合体、块状集合体等。

分泌体是指在近球状或不规则的岩石空洞中热液的化学质点从外壁向内逐层沉淀充填而形成的胶体矿物或隐晶质矿物集合体，常具同心环状构造。

结核体是隐晶质或凝胶物质在沉积物或沉积岩中围绕某一核心自内向外逐渐生长而成的球状、瘤状及不规则状的矿物集合体形态。结核体常由方解石、玉髓、黄铁矿、菱铁矿、赤铁矿、褐铁矿、磷灰石等构成。

鲕粒（直径<2mm）和豆粒（直径≥2mm）集合体是指在水介质中，胶体溶液围绕悬浮质点（矿物碎屑、生物碎屑、气泡等）逐层沉淀，并最终沉积于水底的球状或近球状矿物集合体。注意：不是晶体，而是胶体围绕某个小碎屑层层沉淀形成的结核体，因此不能称为粒状。主要为方解石、文石、赤铁矿、磷灰石等。

钟乳状体是指在基底上由真溶液蒸发或因胶体失水凝聚、逐层向外沉淀而形成的圆锥、圆丘、圆柱状等的矿物集合体形态（注意：不是晶体，是胶体沉淀形成的，因此不能称为柱状）。最常见的钟乳状体是发育于碳酸盐岩溶洞中的由方解石构成的石钟乳（附录Ⅰ集合体形态中钟乳状方解石）和石笋等。

在矿物形态观察与描述中，最难的是判断矿物标本是一个单晶体还是隐晶或胶态集合体（结核体、分泌体、杏仁体等），因为隐晶或胶态集合体看上去也像一个单体，它们的区别是：凡是外部轮廓为浑圆状的，一定不是单晶体，一定是隐晶或胶态集合体，因为晶体只能是几何多面体（如果晶面发育完整）或不规则状（如果晶面不发育或者晶体被破碎了）。另外，隐晶或胶态集合体常常发育成同心环带状构造，这是由于层层沉淀形成的。如果外部轮廓为不规则状，就有可能是隐晶或胶态集合体，也有可能是单晶体，这时要借助于显微镜等观察手段。

一定要注意单体形态和多晶（显晶）集合体形态的描述术语与隐晶和胶态集合体形态的描述术语的不同，不能混淆。粒状、柱状、针状、板状、片状、鳞片状、放射状等是针对单体形态和显晶集合体形态的；结核体、鲕状、豆状、钟乳状、分泌体等是针对隐晶和胶态集合体形态的。

思 考 题

1. 什么是矿物的晶习？简述晶习的基本类型。
2. 解释立方晶系矿物常呈三向近等型晶习的原因。
3. 阐述晶面条纹的种类、成因及其识别特征。
4. 中级晶族的晶体，若为柱状晶习，其晶形应沿哪个晶轴延伸？若为板状晶习，其晶形应平行哪个平面延展？
5. 矿物晶体结构的变化有哪些原因？

第3章

矿物的化学成分

矿物的化学成分是确定一个矿物的基本依据之一，化学元素是形成矿物的物质基础。地壳中化学元素的丰度与矿物的化学组成有着密切的关系。

3.1 元素丰度、离子类型

3.1.1 地壳的化学组成

目前人类已知和使用的矿物主要是地壳中的矿物，显然地壳的化学元素是形成矿物的物质基础。化学元素在地壳中的平均含量称地壳元素的丰度，通常以克拉克值表示。其中，质量百分数或原子摩尔百分数分别称质量克拉克值和原子克拉克值。

地壳中的化学元素丰度差别较大，最多和最少的元素含量相差可达 10^{18} 倍，其中，居于前 8 位的元素依次是 O、Si、Al、Fe、Ca、Na、K、Mg（表 3-1）。它们约占地壳总质量的 99%。

表 3-1 地壳中常见元素的克拉克值

元素	质量克拉克值/%	原子克拉克值/%	元素	质量克拉克值/%	原子克拉克值/%
O	47.0	58.0	Ca	2.96	1.5
Si	29.5	21.0	Na	2.5	2.2
Al	8.05	6.0	K	2.5	1.3
Fe	4.65	1.7	Mg	1.87	1.6

地壳元素丰度直接影响其地球化学行为，丰度高的元素容易形成多种独立矿物，反之形成独立矿物的概率小、数量少，甚至不能形成独立矿物。因此，克拉克值大的化学元素形成的矿物的种类和数量多。由地壳中前 8 种化学元素形成的矿物主要是硅酸盐和氧化物。其中，硅酸盐最多，约占地壳总质量的 80%，约占矿物种总数的 27%；氧化物次之，约占地壳总质量的 17%，约占矿物种总数的 14%。

另一方面，矿物的形成不仅与地壳元素丰度有关，还与元素的化学性质（元素的核外电子层数、最外层电子构型及原子半径、电负性等）有关。同样是丰度低的元素，有些元素的地球化学行为使之趋于集中，易与其他元素结合形成独立矿物，这些元素称为聚集元素。如 Au、Ag、Hg、Zr、Ti 等均属于聚集元素。另一些元素的地球化学行为使之趋于分散，一般不与其他元素结合形成独立矿物，如 Ga、Ge、In、Rb、Cs 等，称为分散元素。分散元素通常主要以类质同象方式分散在其他矿物中，如 Rb 常分散于含铁的矿物中。

3.1.2　元素的离子类型

自然界大多数矿物是化合物，在其形成过程中，各离子都试图通过得失或共用电子使最外电子层达到稳定构型，即形成具有 2、8、18 个电子的满电子层。晶体结构主要由其组成的原子或离子的性质决定，其中起主导作用的因素就是原子或离子的最外层电子的构型。

组成矿物的阴离子主要是 O^{2-}、S^{2-}，其次是 F^-、Cl^-，其他阴离子较少见，而阳离子则为数众多。根据最外层电子的构型通常将离子分为惰性气体型、铜型、过渡型三类，形成这三类离子的元素在元素周期表上的分布，如表 3-2 所示。

表 3-2　离子类型分布表

Li	Be				I						B	C	N	O	F
Na	Mg										Al	Si	P	S	Cl
K	Ca	Sc	Ti	V	Cr	Mn	Fe	Co	Ni	Cu	Zn	Ga	Ge	As	Se	Br
Rb	Sr	Y	Zr	Nb	Mo	Tc	Ru	Rh	Pd	Ag	Cd	In	Sn	Sb	Te	I
Cs	Ba	La*	Hf	Ta	W	Re	Os	Ir	Pt	Au	Hg	Tl	Pb	Bi	Po	At
Fr	Ra	Ac*			III					II						

注：La* —镧系元素；Ac* —锕系元素；Ⅰ—惰性气体型离子区；Ⅱ—铜型离子区；Ⅲ—过渡型离子区。

（1）惰性气体型离子及其形成的主要矿物

惰性气体型离子是指具有与惰性气体原子相同的电子构型，即最外层具有 2 个电子（$1s^2$）或 8 个电子（ns^2np^6）的离子，主要包括ⅠA、ⅡA 和ⅢA～ⅦA 部分元素的离子。其中碱金属、碱土金属元素的电负性较小，易形成阳离子；而非金属元素的电负性大，易形成阴离子。它们在自然界主要形成离子键或以离子键为主的化合物，多为氧化物、含氧盐和卤化物矿物。

（2）铜型离子及其形成的主要矿物

铜型离子是指最外层具有 18 个电子（$ns^2np^6nd^{10}$）的离子（如 Cu^{2+}），以及次外层和最外层共有 18＋2 个电子 $[ns^2np^6nd^{10}(n+1)s^2]$ 的离子（如 Pb^{2+}），主要包括ⅠB、ⅡB 及其右侧的一些元素的离子，与电价和半径相似的其他类型的阳离子相比电负性高，当它们与电负性不太大的阴离子结合时，形成向共价键、金属键过渡的离子键，在自然界主要形成硫化物及其类似化合物。

（3）过渡型离子及其形成的主要矿物

过渡型离子是指最外层电子数为 9～17 之间（$ns^2np^6nd^{1\sim9}$）的离子，即介于惰性气体型离子和铜型离子之间的离子，包括ⅢB～ⅧB大部分元素的离子。视最外层电子数接近 8 或 18，它们分别具有向惰性气体型离子或铜型离子过渡的性质。位于 Mn 左侧元素的离子亲氧性强，易形成氧化物和含氧盐；位于 Fe 右侧元素的离子亲硫性强，易形成硫化物；居于中间的 Mn 和 Fe 则与氧、硫都能组成化合物，究竟形成何种化合物主要取决于氧化还原条件。

3.2　矿物中的水

　　水是许多矿物形成的重要媒介，如 NaCl 在盐湖中结晶成石盐；同时，水也是许多矿物本身的化学成分，而且还会影响或决定矿物的物理性质。如含水矿物一般具有相对密度小、硬度低且大多为表生成因的特点。凡含水分子 H_2O 或含 H^+、$(OH)^-$、$(H_3O)^+$ 等离子的矿物，都统称为含水矿物。矿物中的水是矿物中较特殊的化学成分。

　　矿物中水对矿物物理性质的影响主要取决于水的赋存形式。根据水在矿物中的赋存形式及其与晶体结构的关系，可将矿物中的水分为三种基本类型——与晶体结构无关的吸附水；与晶体结构有一定关系的层间水和沸石水；参与晶体结构的结晶水和结构水。

3.2.1　吸附水

　　吸附水是呈中性水分子 H_2O 的形式被机械地吸附于矿物颗粒表面或缝隙中的水。吸附水可呈气态、液态或固态，不参与矿物的晶体结构，不属于矿物的固有化学成分，一般不写入化学式。它在矿物中的含量不固定，随着外界的温度、湿度条件而变化。在常压下，当温度上升至 100～110℃时，吸附水会全部逸出，且并不破坏晶格。

　　日常生活中的薄膜水和毛细管水都属于吸附水。胶体矿物（一类准矿物）中的胶体水是吸附水的一种特殊形式，在胶体矿物中作为分散媒吸附于各分散相表面。有些水分子被极化而与分散相之间具有较强的吸附力，因而胶体水的逸出温度比一般的吸附水要高，通常为 100～250℃。鉴于胶体水是胶体矿物的固有特征，因此胶体水一般列入胶体矿物的化学式中，但其含量不固定，如蛋白石的化学式是 $SiO_2 \cdot nH_2O$；水铝英石的化学式是水铝英石（$mAl_2O_3 \cdot nSiO_2 \cdot pH_2O$）。

3.2.2　层间水

　　层间水是指以中性水分子 H_2O 的形式存在于某些层状硅酸盐矿物结构单元层之间的水。在这些矿物中，各结构单元层具有过剩的负电价，它们借助吸引某些阳离子而相互连接，而这些阳离子又吸附了极性水分子，这种结构单元层之间的水分子，即层间水。

　　不同层状硅酸盐矿物的结构单元层过剩的电价不同，它们之间的阳离子类型和层间水的含量亦不同。此外，相同层状硅酸盐矿物在不同地质环境中其层间水的多少也不同，在温度低或湿度大的条件下层间水较多，相反条件下则层间水含量减少。层间水多少的变化不会导致结构单元层的破坏，但会引起矿物结构单元层间距的增大或缩小，从而引起垂直结构单元层方向的晶胞常数 c 及其相关物理性质的变化。例如，蒙脱石在常温下可吸取超过自身体积数倍的层间水，表现出明显的吸水膨胀性；蛭石被加热时，由于其层间水汽化表现出显著的热膨胀性。

层间水逸出温度较低，一般加热几十摄氏度便开始逸出，至 110℃ 左右大量逸出。

3.2.3 沸石水

沸石水，是指存在于沸石族矿物的架状网络结构中宽大孔道内的中性水分子 H_2O。因沸石晶格可容纳水分子的空腔不一定全部被充满，故沸石水的含量不固定。但沸石晶格可容纳水分子的空腔是一定的，因此沸石水的含量有一个确定的上限值，且上限值与其组分的关系符合定比定律。

沸石水的含量随温度、湿度而变化，其含量的多少不会引起晶格破坏，只会引起矿物的相对密度、透明度、折射率等某些物理性质发生变化。沸石水一般在温度增高至 $80 \sim 110℃$ 时即会大部分逸出，但有些沸石水与所在孔道壁离子的静电引力较强，脱水温度可达 400℃。

3.2.4 结晶水

结晶水是指以 H_2O 形式占据矿物晶体结构中的固定配位位置且数量固定、与其他组分含量符合定比定律的水。

结晶水往往出现在具有大半径络阴离子的含氧盐矿物中。因为在大半径阴离子团的紧密堆积中具有较大空隙，为适应这一"宽松环境"，在结晶过程中一些小半径的阳离子在不改变自身电价的情况下与 H_2O 形成水化阳离子，再与大半径阴离子团构成稳定矿物。

结晶水失去后，矿物的晶格将会破坏而转变为另一种矿物。如单斜晶系的石膏 $CaSO_4 \cdot 2H_2O$ 逸出全部结晶水后将转变为正交晶系的硬石膏 $CaSO_4$。不同矿物中的结晶水与晶格联系的牢固程度不同，因此其逸出温度也不同，一般逸出温度介于 $200 \sim 600℃$，但有些矿物结晶水逸出的温度可低于 100℃。当矿物脱出结晶水后，晶体的结构被破坏，进而重建形成新的结构；含结晶水的矿物的失水温度是一定的，据此可以作为鉴定矿物的一项标志。

3.2.5 结构水

结构水也称化合水，不同于前面所述 4 种类型的矿物中的水，结构水是以 $(OH)^-$、H^+ 或 $(H_3O)^+$ 等离子形式而非分子形式存在于矿物中。结构水在晶体结构中占有确定的配位位置，与矿物其他组分含量呈固定比例关系的"水"。其中，以 $(OH)^-$ 最为常见。

结构水是矿物中最牢固的"水"，它们在晶格中靠较强的化合状态的氢或氢氧基形式建立连接，因此结构牢固，其脱水温度较其他类型水的脱水温度要高得多，一般在 $600 \sim 1000℃$ 之间，晶格遭到破坏时才会逸出。结构水主要存在于氢氧化物和层状结构硅酸盐矿物中，例如水镁石 $Mg(OH)_2$、白云母 $K\{Al_2[AlSi_3O_{10}](OH)_2\}$、高岭石 $Al_4[Si_4O_{10}](OH)_8$ 等。

需要指出，在矿物的化学成分分析数据中，有时会出现 H_2O^+ 和 H_2O^-。H_2O^+ 称正水，通常是指结晶水，即在 $>110℃$ 条件下从矿物中逸出的水；H_2O^- 称负水，通常是指未参加晶格的吸附水，即在样品加热到 110℃ 前即行逸出的水。对于那些与晶格有关的层间水、沸石水及少部分结晶水，因为它们也是在 110℃ 前逸出晶格，在分析这些矿物样品时需要用特殊方法处理样品中的水。

3.3 矿物的化学式

3.3.1 矿物化学成分的相对确定性

在矿物的化学成分中，各组分之间通常呈一定的比例关系，即遵守定比定律（或倍比定律）。矿物化学成分间遵守定比定律的性质称为矿物的化学计量性。需要指出，由于类质同象替代及替代量的可变性，导致矿物的化学成分并不是固定的，但若将呈类质同象替代关系的元素作为一个整体看待，则许多矿物仍遵守定比定律。例如，在闪锌矿 $(Zn,Fe)S$ 中，不论 Zn 和 Fe 的相对量如何，二者之和与 S 之间仍满足定比定律。化学成分之间遵守定比定律的矿物称为化学计量矿物。

化学组分不符合定比定律的矿物称为非化学计量矿物。其主要原因是矿物晶体内部存在某种晶格缺陷或结构上的不均匀性。例如，方铁矿的理想化学式为 FeO，但在其形成过程中，由于氧化还原条件方面的原因一些 Fe^{3+} 替代了 Fe^{2+}，为了保持电中性便相应地减少了晶格中的 Fe 原子数，造成某些 Fe 原子的位置出现空位。结果使方铁矿的实际化学成分为 $Fe_{1-x}O$；磁黄铁矿 $Fe_{1-x}S$ 也是典型的非化学计量矿物。地壳中丰度最高的八种元素 O、Si、Al、Fe、Ca、Na、K、Mg 中，O 为阴离子，其余 7 种均为金属阳离子，其中除 Fe 存在变价态外均为单一价态元素，自然界其余变价元素如 Mn、Cr 等则在地壳中含量更少，变价态元素形成的化合物远小于单一价态元素形成的化合物，因而自然界的非化学计量矿物远少于化学计量矿物。

3.3.2 矿物化学式

(1) 矿物化学式的概念

如前所述，矿物的化学成分在一定范围是可变的，但从相对观点而言每一种矿物的化学成分又是一定的。

矿物的化学式就是矿物化学成分的表达式。确切地说，矿物的化学式即是按一定原则反映矿物化学组成的元素种类及其数量比，有时还反映矿物晶体结构特点及元素间结合关系的表达式。

(2) 化学式的种类

① 实验式 实验式，是指表示矿物中化学组成元素的种类及其数量比的化学式。例如，食

盐、方铅矿、磁铁矿、绿柱石的实验式分别为 NaCl、PbS、$Fe^{2+}Fe_2^{3+}O_4$、$Be_3Al_2[Si_6O_{18}]$。对于含氧盐及某些氧化物矿物，其实验式也可写作氧化物的组合形式，如上述的磁铁矿和绿柱石可分别写为 $FeO \cdot Fe_2O_3$ 和 $3BeO \cdot Al_2O_3 \cdot 6SiO_2$。

实验式的特点是——计算简单、书写方便、便于记忆，但不能反映矿物成分中各组分之间的关系以及晶体结构方面的特点。例如，在绿柱石中，实际上并不存在以 BeO、Al_2O_3 和 SiO_2 形式出现的独立组分。

② 晶体化学式　晶体化学式，是指能直观表明矿物中化学组成元素的种类及其数量比，同时还能反映各种元素在晶体结构中的存在形式及其相互关系的化学式，因此亦称为结构式。如锆石的晶体化学式为 $Zr[SiO_4]$，表明 Zr^{4+} 和 $[SiO_4]^{4-}$ 在晶体结构中各自作为一种结构单元存在。再如绿柱石的晶体化学式为 $Be_3Al_2[Si_6O_{18}]$，表明 $[Si_6O_{18}]^{12-}$、Al^{3+}、Be^{2+} 分别为晶体结构中的结构单元。在矿物学中常用的是晶体化学式。

(3) 晶体化学式的书写原则

① 单质　单质矿物的晶体结构相对简单，其晶体化学式与实验式一样，即只写出元素符号即可，如自然铜 Cu、金刚石 C、自然硫 S。

② 化合物

a. 阳离子在前，阴离子在后，如食盐 NaCl。

b. 具有两种或多种阳离子的复盐矿物，阳离子按电价递增顺序自左至右排列，对于电价相同的不同阳离子则依碱性递减顺序自左至右排列。如：绿柱石 $Be_3Al_2[Si_6O_{18}]$、磁铁矿 $FeFe_2O_4$（前面的铁离子为 +2 价，后面的铁离子为 +3 价）、白云石 $CaMg[CO_3]_2$。

c. 络阴离子须用方括号括之，如绿柱石 $Be_3Al_2[Si_6O_{18}]$、白云石 $CaMg[CO_3]_2$。

d. 若有附加阴离子（包括结构水等），一般放在主要阴离子或主要络阴离子之后，如：磷灰石 $Ca_5[PO_4]_3(F, Cl, OH)$。

e. 互为类质同象的元素用圆括号括之，并按含量递减顺序前后排列，以逗号隔开，如 $(Zn, Fe)S$。

对于完全类质同象系列矿物，还可用两个端员组分表示，如斜长石的晶体化学式为 $Na[AlSi_3O_8]-Ca[Al_2Si_2O_8]$。对于该类质同象系列中某一确定化学成分的过渡成员，其晶体化学式可表示为：$nNa[AlSi_3O_8](100-n)Ca[Al_2Si_2O_8]$。

f. 矿物中水的书写方式——除层间水和结构水有不同表示方法外，一般都写在化学式的最后并用点号与其他部分隔开。

其中，胶体水因含水量不固定，故以 nH_2O 示之，如蛋白石的化学式写为 $SiO_2 \cdot nH_2O$。沸石水在 H_2O 前标明其含量的上限值，写在化学式最后，如钠沸石的化学式写为：$Na_2[Al_2Si_3O_{10}] \cdot 2H_2O$。结晶水按其与其他组分的定比关系书写，如石膏的化学式写为：$Ca[SO_4] \cdot 2H_2O$；胆矾的化学式写为：$Cu[SO_4] \cdot 5H_2O$。

层间水在化学式中通常有以下两种表示方法：①以 nH_2O 的形式写在化学式的最后，如蒙脱石的化学式写为 $(Na, Ca)_{0.33}(Al, Mg)_2[Si_4O_{10}](OH)_2 \cdot nH_2O$；②将层间水以 $(H_2O)_n$ 的形式写在层间阳离子之后，如蒙脱石的化学式还可写为 $(Na, Ca)_{0.33}(H_2O)_n\{(Al, Mg)_2[Si_4O_{10}](OH)_2\}$。后一种书写方法的优点是可以更清楚地反映出矿物的化学组成的密切关系和结构层次，其中的中括号表示硅氧骨干，大括号表示结构单元层。

在结构水中，(OH)¯按一般附加阴离子位置书写，H^+ 或 $(H_3O)^+$ 等则按一般阳离子的位置书写。

(4) 矿物化学式的计算

通常给出的矿物化学式是每种矿物的理想化学式或矿物化学通式。由于矿物的化学成分是可以在一定范围变化的，所以在矿物学研究中常常需要对具体产地的矿物实际化学式进行计算，以更详尽地表示该矿物的化学成分和详细了解类质同象情况。另外，根据实际矿物的晶体化学式与理想化学式的偏离情况，还有助于获得矿物及其所在岩石或矿床成因方面的信息，进而指导找矿。

矿物的实际化学式是根据单矿物的化学分析数据计算得到的。所分析的样品应有一定的纯度，分析数据一般以元素或氧化物的质量百分数 w_B 给出，而且分析误差应 $\leqslant 1\%$。

现以黄铜矿为例说明矿物化学式的计算方法，见表 3-3。由此可知黄铜矿的化学式为 $CuFeS_2$。

表 3-3 黄铜矿化学式计算数据

组分	质量百分比	原子量	原子数	原子数比率
Cu	34.40	63.55	0.541	1
Fe	29.57	55.85	0.529	1
S	35.15	32.06	1.096	2

3.4 矿物化学成分的变化

矿物的化学成分不是绝对固定的，通常会在一定的范围内有所变化。引起矿物化学成分变化的原因有两种：类质同象和交代作用，其中主要原因是类质同象。

3.4.1 类质同象

矿物的化学成分不是绝对固定的，通常会在一定的范围内有所变化。引起矿物化学成分变化的主要原因是类质同象。

矿物晶体结构中某种质点（原子、离子）为它种类似的质点所代替，仅使晶胞参数发生不大的变化，而结构形式并不改变，这种现象称为类质同象（isomorphism）。例如，在菱镁矿 $Mg[CO_3]$ 和菱铁矿 $Fe[CO_3]$ 之间，由于 Mg 与 Fe 互相替代，可以形成 Mg、Fe 含量不同的各种类质同象混合物（混晶），从而可以构成一个 Mg/Fe 含量比值连续变化的类质同象系列，如：

$$Mg[CO_3]—(Mg,Fe)[CO_3]—(Fe,Mg)[CO_3]—Fe[CO_3]$$

　　菱镁矿　　　　含铁的菱镁矿　　　　含镁的菱铁矿　　　　菱铁矿

在这个系列中矿物的结构型相同，只是晶胞参数略有变化。通常将整个系列两端的组分称为端员组分，而中间组分是由不同比例的两个端员组分混合而成的，该系列也称为连续类质同象系列。

又如，闪锌矿 ZnS 中的 Zn，可部分地（不超过 40%）被 Fe 所代替，在这种情况下，铁被称为类质同象混入物，富铁的闪锌矿被称为铁闪锌矿。由于 Fe 代替 Zn 可使闪锌矿的晶胞参数（a）增大。

类质同象混合物也称为类质同象混晶，它是一种固溶体。所谓固溶体（solid solution）是指在固态条件下，一种组分溶于另一种组分之中而形成的均匀的固体。这种类质同象混晶可在一定的条件下（一般是温度下降）发生分解而产生离溶。固溶体离溶是指原来呈类质同象代替的多种组分发生分解，形成不同组分的多个物相。被分离出来的晶体常受到主晶相的晶体结构的控制而在主晶体中呈定向排列。例如高温形成的碱性长石（K，Na）$[AlSi_3O_8]$ 在温度下降后发生出溶，形成钾长石 $K[AlSi_3O_8]$ 与钠长石 $Na[AlSi_3O_8]$ 相间嵌晶形式，称条纹长石。

在类质同象混晶中，若 A、B 两种质点可以任意比例相互取代，它们可以形成一个连续的类质同象系列，则称为完全类质同象系列。如上述菱镁矿—菱铁矿系列中 Mg、Fe 之间的代替；若 A、B 两种质点的相互代替局限在一个有限的范围内，它们不能形成连续的系列，则称为不完全类质同象系列，如上述闪锌矿 $[(Zn,Fe)S]$ 中，Fe 取代 Zn 局限在一定的范围之内。

根据相互取代的质点的电价相同或不同，分别称为等价的类质同象和异价的类质同象。等价类质同象如上述的 Mg^{2+} 与 Fe^{2+} 之间的替代；异价类质同象如在钠长石 $Na[AlSi_3O_8]$ 与钙长石 $Ca[Al_2Si_2O_8]$ 系列中，Na^+ 和 Ca^{2+} 之间的代替以及 Si^{4+} 和 Al^{3+} 之间的代替都是异价的，但由于这两种代替同时进行，代替前后总电价是平衡的。

类质同象是指质点的相互代替，不能认为只要晶体结构中有两种或两种以上的阳离子，这些阳离子之间就一定存在类质同象，例如，白云石 $CaMg[CO_3]_2$ 与方解石 $Ca[CO_3]$ 结构型相同，在白云石 $CaMg[CO_3]_2$ 中，其 Ca、Mg 的原子数之比必须是 1:1，不能在一定的范围内连续变化，而且 Ca 和 Mg 在白云石中各自具有特定的晶格位置，没有发生互相取代，故白云石并不是由于 Mg^{2+} 替代方解石 $Ca[CO_3]$ 中半数的 Ca^{2+} 所形成的类质同象混晶，而是不同阳离子间有固定含量比的复盐；也不能认为两种晶体具有等同的结构形式（等型结构）就一定存在类质同象，例如，锡石 SnO_2 与金红石 TiO_2 也是同型结构，但 Sn 与 Ti 之间也不存在类质同象代替关系。

在书写类质同象混晶的化学式时，凡相互间成类质同象替代关系的一组元素均写在同一圆括号内，彼此间用逗号隔开，按所含原子百分数由高而低的顺序排列。例如橄榄石（Mg，Fe）$_2[SiO_4]$、铁闪锌矿（Zn，Fe）S、普通辉石 Ca（Mg，Fe，Al，Ti）$[(Si,Al)_2O_6]$ 等。

形成类质同象代替的条件：①代替质点本身的性质，如相互代替的原子、离子半径大小要相近、电价要相等（异价类质同象则要求代替前后总电价要平衡）、离子类型要相同、化学键性质要相同等；②外部的温度、压力、介质等条件，温度增高有利于类质同象的产生，而温度降低则将限制类质同象的范围并促使类质同象混晶发生分解，即固溶体离溶，压力的增大将限制类质同象代替的范围，矿物晶体本身的某种组分浓度不够，则易导致周围环境中与之相似的另一种组分以类质同象的方式混入晶格加以补偿。

类质同象是矿物中一个极为普遍的现象，它是引起矿物化学成分变化的一个主要原因。另外，地壳中有许多元素本身很少或根本不形成独立矿物，而主要是以类质同象混入物的形式储存于某种矿物的晶格中。例如，Re 经常赋存于辉钼矿中，Cd、In、Ga 经常存在于闪锌矿中。因此，类质同象的研究有助于阐明矿床中元素赋存状态、寻找稀有分散元素、进行矿床的综合评价。同时，由于类质同象的形成与矿物的生成条件有关，因而类质同象的研究有助于了解成矿环境，如闪锌矿中铁含量的变化，反映了矿物形成温度的变化：一般高温热液矿床的铁闪锌矿含铁高些，颜色呈黑褐色；中温热液矿床的铁闪锌矿含铁较少，呈褐色或者浅褐色；低温热液矿床的铁闪锌矿含铁更少，一般呈黄色。

3.4.2 交代作用

上述关于矿物成分的变化，是指矿物在保持其种属不变的情况下，成分在小范围内的变化。此外，矿物的成分变化还有另一种情况，就是从一种矿物变化到另一种矿物，这种成分的变化涉及矿物与周围环境的物质发生化学反应，即交代反应，亦称交代作用。

在岩浆结晶作用中，随着矿物的不断析出和温度的降低、剩余岩浆化学成分的改变，早期形成的某种或某些矿物通过与岩浆的相互作用可以转化为新矿物。如先析出的镁橄榄石与岩浆中 SiO_2 反应，可形成顽火辉石；

$$Mg_2[SiO_4] + SiO_2 \longrightarrow Mg_2[Si_2O_6]$$

　　　　　　　　镁橄榄石　　　熔浆　　　顽火辉石

在中、低温热液交代作用中，黑云母可以通过以下反应转变为绿泥石：

$$2K(Mg,Fe)_3[AlSi_3O_{10}](OH)_2 + 4H^+ \longrightarrow Al(Mg,Fe)_5[AlSi_3O_{10}](OH)_8 + 3SiO_2 + (Mg,Fe)^{2+} + 2K^+$$

　　　　　　黑云母　　　　　　　　　　　　　　　绿泥石　　　　　　　　石英

在区域变质作用中，白云母与石英可以通过以下变质反应转化为矽线石和钾长石：

$$KAl[AlSi_3O_{10}](OH)_2 + SiO_2 \longrightarrow Al[AlSiO_5] + K[AlSi_3O_8] + H_2O$$

　　　　　白云母　　　　　　石英　　　矽线石　　　　钾长石

在风化作用中，水解反应、水化反应、氧化作用均可引起矿物变化，如正长石经水解作用可以转化为高岭石，反应式如下：

$$4K[AlSi_3O_8] + 2CO_2 + 4H_2O \rightarrow Al_4[Si_4O_{10}](OH)_8 + 2K_2CO_3 + 8SiO_2$$

　　　　　正长石　　　　　　　　　　高岭石　　　　　真溶液　　　胶体

还原条件下形成的黄铁矿 $Fe[S_2]$，在地表风化条件下与空气和水接触会发生分解，形成稳定于氧化条件下的针铁矿 $FeO(OH)$。

思 考 题

1. 列举地壳中丰度居前 8 的元素种类，以及它们主要形成的矿物。

2. 离子类型有哪些种？它们主要形成哪些矿物？

3. 矿物中水的赋存形式有哪些种？阐述它们与晶体结构的关系。

4. 晶体化学式的书写原则有哪些？

5. 矿物化学成分变化的原因有哪些？

第4章

矿物的命名和分类

4.1 矿物种及其命名

4.1.1 矿物种

通常说，金刚石是一种矿物，石英是另一种矿物，或者说它们属于两个矿物种。矿物种是指具有相同化学成分（允许在一定范围变化）和相同晶体结构的矿物，即具有相同化学成分和相同晶体结构的所有矿物个体属于同一矿物种。

关于矿物种的界定需要做以下几点说明。

4.1.1.1 同质多象变体

对于某物质的各同质多象变体而言，虽然它们的化学成分相同，但它们的晶体结构有明显差别，并且各自具有形成和稳定存在的物理化学条件范围，因而被划归为不同的矿物种。如石墨和金刚石是两种矿物，即属于两个矿物种。

4.1.1.2 多型

多型性是指一种单质或化合物能结晶成两种或两种以上的、主要仅是在结构单元层堆垛的重复方式上有所不同的层状晶体结构的特性。这样一些不同结构的晶体，则称为该物质的多型（polytype）。对于同种矿物的不同多型来说，尽管可能属于不同晶系，但由于它们之间的结构和性质差异很小，因此仍视为同一矿物种。

如石墨有六方晶系 2H 型，空间群 $P6_3/mmc$，和三方晶系 3R 型，空间群 $R\bar{3}m$ 两种，它们之间主要区别在于单元层的堆垛重复方式不同。多型在层状硅酸盐矿物中是极为普遍的现象。绿泥石、高岭石、云母等层状硅酸盐矿物都存在着多型现象。

多型在结构上区别于同质多象的根本特点是：一种物质的不同多型，它们的结构组元层虽然彼此不一定完全等同，但至少也是极为相似的，这就导致了各多型在平行于结构组元层的平面内，它们的晶胞棱长不是彼此相等，就是以简单的几何关系相关；此外在垂直于结构组元层平面的方向上，各多型的晶胞高度均为单个结构组元层高度的整倍数。

4.1.1.3 类质同象混晶

以往对类质同象混晶划分矿物种的方案不统一，采用的方案主要如下几种。

① 类质同象混晶视为一个矿物种 如橄榄石作为一个矿物种通常是指由 $Mg_2[SiO_4]$ (Fo) 与 $Fe_2[SiO_4]$ (Fa) 组成的类质同象混晶。

② 以 50% 为界，以两端员 (end-member mineral) 矿物命名，划分为 2 个矿物种 在上述橄榄石混晶中，镁橄榄石是指 Fo/(Fo+Fa) >50% 的矿物种。铁橄榄石则是指 Fa/(Fo+Fa) >50 % 的矿物种。

③ 按端员组分的比例范围，把类质同象系列划分为几个不同的矿物种 仍以橄榄石为例，可划分为三个矿物种：Fo/(Fo+Fa) >90%者为镁橄榄石，Fo/(Fo+Fa) 介于 10%～90%者为橄榄石，Fo/(Fo+Fa) <10%者为铁橄榄石。还有人按 Fo 与 Fa 的不同比例范围将其类质同象混晶划分为六个矿物种。这也是造成矿物种统计数据差别很大的主要原因。

鉴于类质同象混晶划分矿物种的混乱情况，国际矿物学会新矿物和矿物命名委员会 (1986 年) 规定，以后新发现的类质同象混晶，只有端员矿物才可作为矿物种，并一律按二分法划分，如由 A、B 两端员组分组成的类质同象混晶，按含量>50% (mol) 的某端员组分进行命名。但对应用已久的原有类质同象混晶矿物种的划分方案一般仍予保留。

在某些矿物种内还可划分为亚种，亦称变种或异种。亚种一般是指向种矿物在次要的化学成分、形态、物理性质等方面具有较明显的变异者。例如，红宝石是含 Cr^{3+} 的刚玉亚种，紫水晶是紫色石英的亚种，铁闪锌矿是闪锌矿的富铁亚种。

随着新矿物种的不断发现，矿物的种数也在不断增多。至今，地球上发现的矿物已达 4000 余种。

4.1.2 矿物的命名

为了识别、记述和利用矿物的需要，人们对每一矿物种都赋予名称，其命名依据主要有以下几个方面。

① 依据矿物的化学成分进行命名，如自然金 (Au)、钛铁矿 ($FeTiO_3$) 等。

② 依据矿物的物理性质进行命名，如把具玻璃或金刚光泽的矿物称为某某"石"。其中重晶石 (相对密度大、透明)、橄榄石 (颜色为橄榄绿)、孔雀石 (颜色为孔雀绿) 等。

③ 依据矿物的化学成分结合物理性质进行命名，如具金属或半金属光泽的，或可以从中提炼某种金属的矿物，称为某某"矿"。例如黄铁矿、磁铁矿等。

④ 依据矿物的形态进行命名，如石榴子石 (形状似石榴籽)、十字石 (双晶常呈十字状) 等。

⑤ 依据矿物的物性结合形态进行命名，如绿柱石 (常为绿色的柱状晶体)、红柱石 (常为玫瑰色或浅肉红色的柱状晶体) 等。

⑥ 依据产地或人名进行命名，如高岭石 (首先发现于江西景德镇高岭)、香花石 (hsianghualite，最早发现于我国湖南香花岭)、章氏硼镁石 (Hungchsaoite，纪念我国地质学家章鸿钊而命名，章氏硼镁石也是国际上第一个以中国人名字命名的矿物资源)、彭志忠石 (pengzhizhongite，纪念中国结晶学家和矿物学家彭志忠) 等。

⑦ 其他依据，如蒙脱石 (montmorillonite)、埃洛石 (halloysite) 是由外文音译而来的，石英、云母、方解石、辰砂、雄黄是沿用我国传统的矿物名称。

4.1.3　某些矿物名称的字义

在中文的许多矿物名称中，常用"矿""石"作为词尾，其中"xx矿"常用做具金属外表特征（颜色、光泽）或主要用于从中提取金属元素的矿物名称词尾，如黄铁矿、方铅矿、闪锌矿等；"xx石"常用做具有非金属外表特征（主要指光泽）的矿物名称词尾，如方解石、白云石等。

此外，中文矿物名称词尾还常用"晶""玉""矾""华""砂"等，这些字都有特定的含义。如透明矿物的词尾常用"晶"字，如水晶等；可用做宝石的矿物，常用"玉"字，如刚玉、黄玉、硬玉等；易溶于水的硫酸盐矿物常用"矾"字，如水绿矾（$Fe[SO_4]\cdot 7H_2O$）、胆矾（$Cu[SO_4]\cdot 5H_2O$）等；在地表次生形成且呈松散状的矿物常用"华"字，如砷华、镍华、钨华等；常以细小颗粒产出的矿物，其词尾常用"砂"字，如毒砂、辰砂等。

4.2　矿物的分类

合理地对矿物进行分类，可以把化学成分、晶体结构和性质相近的矿物系统地归并在一起，有助于学习、掌握矿物学知识并有利于对矿物进行系统研究。目前，存在着多种从不同角度对矿物进行的分类，主要有化学成分分类、晶体结构分类、晶体化学分类、成因分类和其他分类（如矿石中可以利用的矿物或从中可以提取有用组分的矿物称为矿石矿物；矿石中目前不能利用的矿物或从中不能提取有用组分的矿物称为脉石矿物）。

在矿物学中，多采用以矿物的化学成分和晶体结构为分类依据的晶体化学分类。该分类侧重于成分和结构的区分，有利于了解矿物的材料属性。因此，本教材只介绍矿物的晶体化学分类。

4.2.1　矿物的分类体系

在矿物的晶体化学分类中，其分类体系为——大类、类、（亚类）、族、（亚族）、种、（亚种）。其中，大类、类、族、种是由大到小的四级基本分类单位。亚类、亚族只是在某些比较复杂的矿物类、族中进一步划分出的分类单位，例如在硅酸盐类矿物中，因络阴离子在结构上的差异而划分为岛状硅酸盐亚类、环状硅酸盐亚类等。并不是每个矿物类都需划分亚类、每个族都需划分亚族，也不是所有的矿物种都需要划分为亚种。

4.2.2　矿物的分类依据

4.2.2.1　单质矿物

单质矿物统归一个大类。根据元素的性质进一步分为自然金属元素类、自然半金属元素类和自然非金属元素类。在每一类中，把成分相同和相似的矿物划分为一个族，在各族内按晶体结构的差异可分为亚族，再进一步按化学成分划分矿物种。

4.2.2.2 化合物矿物

化合物矿物的晶体化学分类依据及其实例如表 4-1 所示。

表 4-1 化合物矿物的晶体化学分类依据及其实例

分类体系	划分依据	举例
大类	化合物及化学键类型相同或相似的矿物	含氧盐
类	同一大类中,阴离子或络阴离子团种类相同或相似的矿物	硅酸盐
(亚类)	同一类中,络阴离子团的结构有所差异,其中络阴离子团结构类型相同的矿物	架状硅酸盐
族	在同一类(或亚类)中,晶体结构类型相同或相似,主要阳离子性质相近的矿物	长石族
(亚族)	当族过大时,可根据阳离子的种类和矿物所属晶系	碱性长石
种	具有一定的晶体结构、化学成分(可在一定范围内连续变化)的矿物	正长石
(亚种)	在同一种内根据化学成分或形态、物性的差异	冰长石

矿物分类的最小基本单位就是种,人们赋予每一种矿物的名称,就是矿物的种名。种是具有相同的化学组成和晶体结构的一种矿物。同属于一个种,但是在化学组成、物理性质等方面有一定程度差异的矿物则为亚种,也称变种。如紫水晶是水晶的变种;冰长石是正长石的变种。

值得注意的是,对于同质多象变体而言,不同变体虽然化学组成相同,但它们的晶体结构有明显的差别,因而应区别为不同的矿物种。例如金刚石和石墨,化学组成均为碳,但是金刚石是立方晶系结构,透明、不导电、超硬;石墨属于六方晶系结构,不透明、电的良导体、非常柔软。金刚石和石墨是两个矿物种。对于类质同象系列,特别是完全类质同象系列而言,两个端员为独立矿物种;对过渡组分,通常按其两种端员组分比例的不同范围而划分为几个不同的矿物种,但近来趋向于按 50% 来划分。如完全类质同象系列的菱铁矿和菱镁矿。

国际和国内均有相应机构——矿物学协会"新矿物及矿物命名委员会"来规范矿物种名。

4.2.3 矿物的分类代表

矿物的分类存在着分类角度多,分类体系多的特点,如典型的易于材料学科读者理解的晶体化学分类、易于地质学科读者接受的成因分类和冶金领域常用的应用分类。依矿物的成因分类,可将矿物划分为岩浆矿物、伟晶矿物、热液矿物、风化矿物、沉积矿物、接触变质矿物以及区域变质矿物等。矿物的应用分类是按矿物的商业用途分金属矿物和非金属矿物两大类。其中金属矿物包括黑色金属矿物、有色金属矿物、特种金属矿物、放射性金属矿物、稀有及稀土金属矿物、贵金属矿物等;而非金属矿物则包括化工原料矿物、耐火材料矿物、冶金辅助原料矿物、水泥玻璃陶瓷原料矿物、农业原料矿物、研磨材料矿物、建筑材料矿物、光学电工材料矿物、宝石工艺材料矿物、天然颜料矿物等。结合该教材的学科针对性,这里详细介绍矿物的晶体化学分类,至于其余分类则不一一而足。

按上述分类体系和分类依据,矿物的晶体化学分类方案如下:

第一大类——自然元素矿物大类

第二大类——硫化物及其类似物矿物大类

第三大类——氧化物和氢氧化物矿物大类

第四大类——含氧盐矿物大类

第五大类——卤化物矿物大类

各大类矿物的进一步划分情况如表 4-2 所示，具体划分将在有关矿物章节中予以介绍。

表 4-2 矿物的晶体化学分类

大类	类	大类	类
自然元素	自然金属元素	含氧盐	硅酸盐
	自然半金属元素		碳酸盐
	自然非金属元素		硫酸盐
硫化物及其类似化合物	单硫化物		磷酸盐
	对硫化物		硼酸盐
	硫盐		……
氧化物和氢氧化物	氧化物	卤化物	氟化物
	氢氧化物		氢氧化物

思 考 题

1. 什么是矿物种？

2. 矿物种名称中常见的"矿""玉""矾""石""华""砂"分别代表什么含义？

3. 简述矿物的晶体化学分类体系及其依据。

第**5**章

矿物的物理性质

矿物的物理性质（physical properties）主要指矿物的光学性质、力学性质等，它们取决于矿物本身的化学成分和内部结构。矿物晶体的内部格子构造又决定了矿物在物理性质上表现出的均一性、各向异性和对称性。矿物的物理性质是鉴别矿物晶体的主要依据。同时，矿物的物理性质与其形成环境密切相关，同种矿物由于形成条件的不同，其成分和结构在一定程度上随之产生相应的变化，必然要反映到物理性质上。因此，研究矿物的物理性质可以提供矿物乃至岩石的成因信息。

另外，不少矿物因其具有特殊的物理性质，可直接应用于工业生产。例如，刚玉硬度高，可用作研磨材料和精密仪器的轴承；石英具有压电性，可用于电子工业制作振荡元件；重晶石密度大，可作为钻井泥浆的加重剂，以防井喷的发生等。

5.1 光学性质

矿物的光学性质是指矿物对可见光的反射、折射、吸收等所表现出来的各种性质。

5.1.1 颜色

矿物的颜色是矿物对入射的白色可见光（380～780nm）中不同波长的光波吸收后，透射和反射的各种波长可见光的混合色。自然光呈白色，它是由红、橙、黄、绿、青、蓝、紫等多种颜色的光波组成。不同的色光，波长各不相同。不同颜色的互补关系如图5-1所示，对角扇形区为互补的颜色。当矿物对白光中不同波长的光波同等程度地均匀吸收时，矿物所呈现的颜色取决于吸收程度。如果是均匀地全部吸收，矿物即呈黑色；若基本上都不吸收，则为白色；假若各种色光皆被均匀地吸收了一部分，则视其吸收量的多少，而呈现

图 5-1　色光的互补关系示意

出不同程度的灰色（白色和黑色的中间色）。如果矿物只是选择性地吸收某种波长的色光时，则矿物呈现出被吸收的色光的补色。

矿物的颜色据其产生的原因，通常可分为自色、他色和假色3种。自色是由矿物本身固有的化学成分和内部结构所决定的颜色，对同种矿物来说，自色相当固定，因而是鉴定矿物的重要依据之一；他色是指矿物因含外来带色的杂质、气-液包裹体等所引起的颜色，它与矿物本身的成分、结构无关，不是矿物固有的颜色，无鉴定意义；假色是由物理光学效应所引起的颜色，是自然光照射在矿物表面或进入到矿物内部所产生的干涉、衍射、散射等而引起的颜色，假色只对个别矿物有辅助鉴定意义。矿物中常见的假色主要有锖色、晕色、变彩等。

锖色：某些矿物表面因氧化作用而形成的薄膜所呈现的色彩。如黄铜矿表面因氧化薄膜引起的锖色（蓝紫混杂的斑驳色彩）。

晕色：某些具有极完全解理或裂理的透明矿物，由于一系列平行的解理面或裂理面对光反射、干涉的结果而形成的如同水面上的油膜所呈现的彩色。

变彩：又称游彩，光从特定结构构造的宝玉石中反射或透射出时，因衍射和干涉作用，其颜色随光照方向或观察角度不同而改变的现象。

5.1.2　条痕

矿物的条痕是矿物粉末的颜色。通常是指矿物在白色无釉瓷板上擦划所留下粉末的颜色。矿物的条痕能消除假色、减弱他色、突出自色，它比矿物颗粒的颜色更为稳定，更有鉴定意义。例如，不同成因不同形态的赤铁矿可呈钢灰、铁黑、褐红等色，但其条痕总是呈特征的红棕色（或称樱红色），如附录Ⅱ矿物条痕颜色所示。条痕对于鉴定不透明矿物和鲜艳彩色的透明或半透明矿物，尤其是硫化物或部分氧化物和自然元素矿物，具有重要意义；而浅色或白色、无色的透明矿物，其条痕多为白色、浅灰色等浅色，无鉴定意义。有些矿物由于类质同象混入物的影响，其条痕和颜色会有所变化。例如，不同温度条件下形成的闪锌矿，随着铁含量的增高，其颜色从浅黄、黄褐变至褐黑、铁黑色，条痕由黄白色变为褐色。显然，根据条痕的细微变化，可大致了解矿物成分的变化，推测矿物的形成条件。

5.1.3　透明度

矿物的透明度是指矿物允许可见光透过的程度。厚度不同会导致可见光透过的程度发生变化。矿物肉眼鉴定时，通常是依据矿物碎片刃边（厚度为0.03mm）的透光程度，配合矿物的条痕，将矿物的透明度划分为透明、半透明、不透明共3个等级，如附录Ⅱ矿物透明度所示。透明矿物条痕常为无色或白色，或略呈浅色，半透明矿物条痕呈各种彩色（如红、褐等色），不透明矿物条痕具黑色或金属色。

5.1.4　光泽

矿物的光泽是指矿物表面对可见光的反射能力。其强弱取决于矿物的反射率、折射率或吸收系数。矿物反光的强弱主要取决于矿物对光的反射率、折射率或吸收系数。反射率越高，矿物反光能力越大，光泽则越强，反之则光泽弱。矿物肉眼鉴定时，根据矿物新鲜平滑的晶面、解理面或磨光面上反光能力的强弱，同时常配合矿物的条痕和透明度，而将矿物的光泽分为 4 个等级。如附录Ⅱ矿物光泽所示。

① 金属光泽　反光能力很强，似平滑金属磨光面的反光。矿物具金属色，条痕呈黑色或金属色，不透明。如方铅矿、黄铁矿和自然金等。

② 半金属光泽　反光能力较强，似未经磨光的金属表面的反光。矿物呈金属色，条痕为深彩色（如棕色、褐色等），不透明或半透明。如赤铁矿、铁闪锌矿和黑钨矿等。

③ 金刚光泽　反光较强，似金刚石般明亮耀眼的反光。矿物的颜色和条痕均为浅色（如浅黄、橘红、浅绿等）、白色或无色，半透明或透明。如浅色闪锌矿、雄黄和金刚石等。

④ 玻璃光泽　反光能力相对较弱，呈普通平板玻璃表面的反光。矿物为无色、白色或浅色，条痕呈无色或白色，透明。如方解石、石英和萤石等。

此外，在矿物不平坦的表面或矿物集合体的表面上，常表现出一些特殊的变异光泽，主要根据形似而命名，如：油脂光泽——某些具玻璃光泽或金刚光泽、解理不发育的浅色透明矿物，在其不平坦的断口上所呈现的如同油脂般的光泽，如石英；树脂光泽——在某些具金刚光泽的黄、褐或棕色透明矿物的不平坦的断口上，可见到似松香般的光泽，如雄黄等；沥青光泽——解理不发育的半透明或不透明黑色矿物，其不平坦的断口上具乌亮沥青状光亮，如沥青铀矿和富含 Nb、Ta 的锡石等；珍珠光泽——浅色透明矿物的极完全的解理面上呈现出如同珍珠表面或蚌壳内壁般柔和而多彩的光泽，如白云母和透石膏等；丝绢光泽——无色或浅色、具玻璃光泽的透明矿物的纤维状集合体表面常呈蚕丝或丝织品状的光亮，如纤维石膏和石棉等；蜡状光泽——某些透明矿物的隐晶质或非晶质致密块体上，呈现有如蜡烛表面的光泽，如块状叶蜡石、蛇纹石等；土状光泽——呈土状、粉末状或疏松多孔状集合体的矿物，表面如土块般暗淡无光，如块状高岭石和褐铁矿等。

影响矿物光泽的主要因素是矿物的化学键类型。具金属键的矿物，一般呈现金属或半金属光泽；具共价键的矿物一般呈现金刚光泽或玻璃光泽；具离子键或分子键的矿物，对光的吸收程度小，反光就很弱，光泽即弱。

矿物光泽的等级一般是确定的，但变异光泽却因矿物产出的状态不同而异。光泽是矿物鉴定的依据之一，也是评价宝石的重要标志。

5.2　力学性质

矿物的力学性质是指矿物在外力（如敲打、挤压、拉伸和刻划等）作用下所表现出来的性质。

5.2.1　解理

矿物晶体受应力作用而超过弹性限度时，沿一定结晶学方向破裂成一系列光滑平面的固有特性。这些光滑的平面称为解理面。解理是晶质矿物才具有的特性，严格受其晶体结构、化学键类型及其强度和分布的控制，解理面常沿晶体结构中化学键力最弱的面产生。显然，解理是晶体异向性的具体体现之一。解理还可以体现晶体的对称性，在晶体结构中成对称关系的平面，会发育相同的解理。一个晶体中有多个方向的解理，这被称为解理的组数，同一方向的解理为一组解理。呈对称关系的不同解理应具有完全相同的等级与性质，不呈对称关系的解理一般具有不同的等级与性质。解理的等级是根据解理产生的难易程度及其完好性来划分的，分为极完全解理、完全解理、中等解理和不完全解理共 4 类。如附录Ⅱ矿物解理所示。

① 极完全解理　矿物受力后极易裂成薄片，解理面平整而光滑，如云母、石墨、透石膏的解理。

② 完全解理　矿物受力后易裂成光滑的平面或规则的解理块，解理面显著而平滑，常见平行解理面的阶梯。如方铅矿、方解石的解理。

③ 中等解理　矿物受力后，常沿解理面破裂，解理面较小而不很平滑，且不太连续，常呈阶梯状，却仍闪闪发亮，清晰可见。如白钨矿的解理。

④ 不完全解理　矿物受力后，不裂出解理面。如方铅矿、石榴子石、磷灰石、橄榄石、石英等。

5.2.2　裂开

裂开是指矿物晶体在某些特殊条件下（如杂质的夹层及机械双晶等），受应力后沿着晶格内一定的结晶方向破裂成平面的性质。裂开的平面称为裂开面。显然，从现象上看，裂开与解理相似，也只能出现在晶体上，但二者产生的原因不同，裂开不直接受晶体结构控制，而是取决于杂质的夹层及机械双晶等结构以外的非固有因素，裂开面往往沿定向排列的外来微细包裹体或固溶体出溶物的夹层及由应力作用造成的聚片双晶的接合面产生。当这些因素不存在时，矿物则不具裂开。

例如，磁铁矿本来是没有解理的，但某些磁铁矿可见有与解理一样的现象，这就是磁铁矿的裂开（附录Ⅱ矿物裂开与断口 磁铁矿的裂开），即磁铁矿的类似于解理的现象是由于其含有沿某个结晶学方向分布的显微状钛铁矿、钛铁晶石出溶片晶导致。

5.2.3　断口

断口是指矿物晶体受力后将沿任意方向破裂而形成各种不平整的断面。显然，矿物的解理与断口产生的难易程度是互为消长的，有解理的矿物较难看到断口，在一个矿物晶体中，有解理的方向就一定没有断口。晶格内各个方向的化学键强度近于相等的矿物晶体，受力破裂后，一般形成断口，而很难产生解理。断口常呈一些特征的形状，但不具对称性，并不反映矿物的任何内部特征，因此断口只可作为鉴定矿物的辅助依据。断口不仅可见于矿物单晶体上，也可出现在同种矿物的集合体中。矿物断口的形状有贝壳状断口（附录Ⅱ矿物裂开与断口 石英贝壳状断口）、锯齿状断口、参差状断口、土状断口、纤维状断口。

5.2.4　硬度

矿物的硬度是指矿物抵抗外来机械作用（如刻划、压入或研磨等）的能力。它是鉴定矿物的重要特征之一。矿物的肉眼鉴定中，通常采用莫氏硬度（Mohs hardness），它是一种刻划硬度，用 10 种硬度递增的矿物为标准来测定矿物的相对硬度，此即莫氏硬度计（Mohs scale of hardness）（附录 Ⅱ 矿物莫氏硬度计，表 5-1）。

表 5-1 莫氏硬度计

硬度等级	1	2	3	4	5	6	7	8	9	10
标准矿物	滑石	石膏	方解石	萤石	磷灰石	正长石	石英	黄玉	刚玉	金刚石

矿物肉眼鉴定硬度时，必须注意选择新鲜、致密、纯净的单矿物。例如某石榴子石能刻动石英，但不能刻动黄玉，却能为黄玉所划伤，则其硬度介于 7~8。此外，在实际鉴定时还可用更简便的工具，如指甲（2.0~2.5）和小钢刀（5.0~6.0）来代替硬度计。本教材后述章节中，如不加特别说明，所述的硬度都是莫氏硬度。

矿物的硬度是矿物成分及内部结构牢固性的具体表现之一。矿物的硬度主要取决于其内部结构中质点间联结力的强弱，即化学键的类型及强度。一般的，典型原子晶格（如金刚石）具有很高的硬度，但对于具有以配位键为主的原子晶格的大多数硫化物矿物，由于其键力不太强，故硬度并不高，离子晶格矿物的硬度通常较高，但随离子性质的不同而变化较大；金属晶格矿物的硬度比较低（某些过渡金属除外）；分子晶格因分子间键力极微弱，其硬度最低。

矿物的硬度也能体现晶体的异向性，同一矿物晶体的不同方向上的硬度会有差异，最典型的例子是二硬石（也即为蓝晶石），其柱面上的硬度随方向的不同而变化，平行柱体方向小钢刀能刻划形成沟槽，垂直柱体方向小钢刀刻不动。

5.2.5 弹性与挠性

矿物在外力作用下发生弯曲形变，当外力撤除后，在弹性限度内能够自行恢复原状的性质，称为弹性；而某些层状结构的矿物，在撤除使其发生弯曲形变的外力后，不能恢复原状，称为挠性。云母片一般都具有弹性，而滑石片一般都具有挠性。

矿物的弹性和挠性取决于晶体结构特点，即矿物晶格内结构层间或链间键力的强弱。如果键力很微弱，受力时，层间或链间可发生相对位移而弯曲，由于基本不产生内应力，故形变后内部无力促使晶格恢复到原状而表现出挠性；若层间或链间以一定强度的离子键联结，受力时发生相对晶格位移，同时所产生的内应力能外力撤除后使形变迅速复原，即表现出弹性；然而，当键力相当强时，矿物则表现出脆性。

5.2.6 脆性与延展性

矿物的脆性是指矿物受外力作用时易发生碎裂的性质，一般而言，硬度较高的物质都具有较大的脆性，硬度较低的物质其延展性较好。自然界绝大多数非金属晶格矿物都具有脆性，如萤石、黄铁矿、石榴子石和金刚石。矿物的延展性是指受外力拉引时易成为细丝，在锤击或碾压下易形变成薄片的性质。它是矿物受外力作用发生晶格滑移形变的一种表现，是金属键矿物的一种特性。自然金属元素矿物，如自然金、自然银和自然铜等均具强延展性；某些硫化物矿物，如辉铜矿等也表现出一定的延展性。

肉眼鉴定矿物时，用小刀刻划矿物表面，若留下光亮的沟痕，而不出现粉末或碎粒，则矿物具延展性，借此可区别于脆性矿物。

5.3　其他性质

5.3.1　密度和相对密度

矿物的密度是指矿物单位体积的质量，其单位为 g/cm^3，它可以根据矿物的晶胞大小及其所含的分子数和分子量计算得出；矿物的相对密度是指纯净的单矿物在空气中的质量与4℃时同体积的水的质量之比。显然，相对密度无量纲，其数值与密度相同，但它更易测定。

矿物肉眼鉴定时，通常是凭经验用手掂量，将矿物的相对密度分为 3 级。

① 轻　相对密度小于 2.5，如石墨（2.09～2.23）、自然硫（2.07）、石盐（2.1～2.2）、石膏（2.31～2.33）等。

② 中　相对密度在 2.5～4 之间，大多数矿物的比重属于此级。如石英（2.65）、斜长石（2.61～2.76）、金刚石（3.47～3.56）、电气石（2.9～3.2）等。

③ 重　相对密度大于 4，如黄铁矿（4.95～5.10）、重晶石（4.3～4.5）、方铅矿（7.4～7.6）、自然金（15.6～19.3）等。

矿物的相对密度是矿物晶体化学特点在物理性质上的又一反映，它主要取决于其组成元素的原子量、原子或离子的半径及结构的紧密程度。

此外，矿物的形成环境对相对密度也有影响。一般来说，高压环境下形成的矿物的相对密度较其低压环境的同质多象变体为大；而温度升高则有利于形成配位数较低、相对密度较小的变体。

5.3.2　磁性

矿物的磁性是指矿物在外磁场作用下被磁化所表现出能被外磁场吸引、排斥或对外界产生磁场的性质。矿物的磁性，主要是由于组成矿物的原子或离子的未成对电子的自旋磁矩产生的，因此含 V 离子、Cr 离子、Fe 离子、Mn 离子、Cu 离子等离子的矿物，常具磁性。矿物肉眼鉴定时，一般以马蹄形磁铁或磁化小刀来测试矿物的磁性，常粗略地分为 3 级。

① 强磁性　矿物块体或较大的颗粒能被吸引，如磁铁矿 Fe_3O_4。

② 弱磁性　矿物粉末能被吸引，如铬铁矿 $FeCr_2O_4$、钛铁矿 $FeTiO_3$。

③ 无磁性　矿物粉末也不能被吸引，如黄铁矿 $Fe[S_2]$、石英 SiO_2、金刚石 C 等。

5.3.3　导电性和介电性

矿物的导电性是指矿物对电流的传导能力，它主要取决于化学键类型及内部能带结构特征，一般地，具有金属键的自然元素矿物和某些金属硫化物极易导电，如自然铜、石墨、辉铜矿和镍黄铁矿等，而离子键或共价键矿物则具弱导电性或不导电，如石棉、白云母、石英和石膏等；矿物的介电性是指不导电的或导电性极弱的矿物在外电场中被极化产生感应电荷的性质，矿物分选时，常可利用其介电性来分离电介质矿物。

5.3.4 压电性

矿物的压电性是指某些电介质的单晶体，当受到定向压力或张力的作用时，能使晶体垂直于应力的两侧表面上分别带有等量的相反电荷的性质，若应力方向反转时，则两侧表面上的电荷易号，晶体在机械压、张应力不断交替作用下，即可产生一个交变电场，这种效应称为压电效应。若将压电晶体置于一个交变电场中，则会引起晶体发生机械伸缩的效应，称反压电效应。当交变电场的频率与压电晶体本身机械振动的频率一致时，则将发生特别强烈的共振现象。晶体的压电性具有重大的理论意义和经济价值，广泛应用于无线电、雷达及超声波探测等现代技术和军事工业中用作谐振片、滤波器和超声波发生器等。

5.3.5 热释电性

矿物的热释电性是指某些晶体在加热或冷却时，其一定结晶学方向的两端会产生相反电荷的性质。热释电效应源于晶体的自发极化。晶体由于温度变化热胀冷缩，导致晶格中电荷的相对位移，使晶体的总电矩发生变化，而激起晶体表面荷电。热释电晶体可同时具有压电性，而压电晶体却不一定具热释电性。热释电晶体主要用来制作红外探测器和热电摄像管，广泛应用于红外探测技术和红外热成像技术等领域，还可以用于制冷业。

矿物的其他物理性质有导热性、热膨胀性、熔点、易燃性、挥发性、吸水性、可塑性、放射性，它们在矿物鉴定、应用及找矿上常有重要的意义。

思 考 题

1. 阐述矿物条痕的定义，并说明其在矿物鉴定中的作用及适用对象。
2. 简述什么是矿物的光泽，按矿物反射能力由强到弱矿物光泽有哪几种？试举例说明。
3. 解理与裂理、解理与断口有何区别？
4. 简述矿物硬度的概念，并举例说明莫氏硬度计中十种典型矿物及其莫氏硬度值。
5. 说明什么是矿物的弹性、挠性、延展性和脆性。

第**6**章

自然元素矿物

6.1 概述

自然元素矿物，主要是指由同种元素组成的单质矿物及由不同种元素组成的金属互化物。其中，金属互化物，是指两种或两种以上的金属元素以金属键、呈定比结合而成的天然合金矿物，如铜金矿。当形成合金的元素其电子层结构、原子半径和晶体类型相差较大时，易形成金属化合物。

已知构成本大类矿物的自然元素大约有 30 种（表 6-1），但这些元素在地壳中形成的矿物却有 50 余种。主要原因是某些自然元素可以形成 2 种或多种同质多象变体，如 C 有金刚石、石墨等多种同质多象变体，S 有 α-硫、β-硫、γ-硫 3 种同质多象变体；部分元素以类质同象形式存在；有些金属元素形成金属互化物。

表 6-1 形成自然元素矿物的主要元素

I A																	VIII A
	II A										III A	IV A	V A	VI A	VII A		
												C					
		III B	IV B	V B	VI B	VII B		VIII B		I B	II B				S		
				Mn	Fe	Co	Ni	Cu	Zn				As	Se			
				Tc	Ru	Rh	Pd	Ag	Cd	In	Sn	Sb	Te				
		Ta	W	Re	Os	Ir	Pt	Au	Hg		Pb	Bi					

自然元素大类矿物约占地壳总质量的 0.1%，尽管数量很少，但由于它们往往分布不均匀，使得某些矿物在一定地质条件下局部富集，并形成具有工业价值的矿床。

6.1.1 化学成分

如表 6-1 所示，自然元素矿物主要有金属元素构成，极少一部分矿物由半金属或非金属元素组成。

这是因为金属元素具有较大的电离势，电离势较大的元素较难失去电子，因此金属元素能以单质出现。自然金属元素主要包括 Pt 族元素（Ru、Rh、Pd、Os、Ir、Pt）、部分亲 Cu 元素（主要是 Cu、Au、Ag，偶见 Pb、Zn、Sn）；此外，Fe、Co、Ni 一般以类质同象形式存在于其他金属元素的单质矿物中，但在铁陨石中可以单质矿物出现。

自然半金属元素主要是 As、Sb、Bi，而 Se、Te 较少见。

自然非金属元素主要是 C、S；另外性质与硫相似的 Se、Te 通常以类质同象形式存在于自然硫中。

6.1.2 晶体化学特征

自然金属元素及其互化物矿物具有典型的金属键，晶体结构属金属晶格，分为三种结构类型——铜型结构［图 6-1（a）］，如自然金、自然铜、自然铂等矿物；锇型结构［图 6-1（b）］，如自然锇、自然钌；铁（α-Fe）型结构［图 6-1（c）］，如纯铁、铁纹石（富铁的天然铁镍合金）等；原子呈最紧密堆积（铜型结构和锇型结构）或紧密堆积（α-Fe 型结构）；矿物对称程度高，一般为立方晶系或六方晶系；类质同象现象广泛。

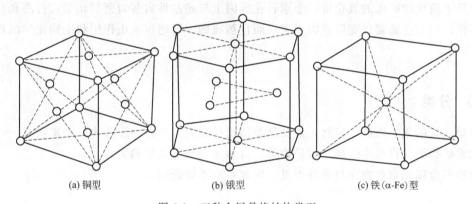

(a) 铜型　　　　　　(b) 锇型　　　　　　(c) 铁(α-Fe)型

图 6-1 三种金属晶格结构类型

自然半金属元素矿物主要是自然砷、自然锑和自然铋。自然半金属元素矿物具有多键性，其晶体结构可视为由面心立方格子沿三次轴畸变而成的类层状菱面体格子，层内为共价键—金属键，并导致晶体结构的对称性较金属晶格的对称性降低。

自然非金属元素矿物的晶体结构类型和键性差异很大，如金刚石具共价键，为原子晶格；石墨具层状结构，层内为共价键—金属键，层间为分子键；自然硫为分子晶格，晶格中分子内部原子间为共价键连接，而分子之间则以分子键相连接。

6.1.3 物理性质

自然金属元素及其互化物矿物由于具有典型的金属键，自由电子弥散于质点间，因此反射力强且不透明，呈金属色、金属光泽，条痕一般与颜色相同；且解理不发育、延展性强、硬度低、导电导热性好；此外自然金属元素的原子量大、质点呈最紧密或紧密堆积，因此矿物的相对密度大。

自然半金属元素 As、Sb、Bi 在元素周期表中均位于ⅤA，虽然它们的化学性质相近，但自 As（第 4 周期）、Sb（第 5 周期）到 Bi（第 6 周期）的原子量和金属性递增，故从自然砷、自然锑到自然铋具有光泽增强、硬度减小、延展性增大、脆性减小、相对密度增大的变化规律。相对而言，自然砷具有较强的非金属性，自然铋具有较强的金属性，自然锑居于二者之间。

对于自然非金属元素矿物，由于它们的晶体结构类型和键性差异很大，所以各自然非金属元素矿物物理性质的差异亦大。以碳的两种同质多象变体——金刚石和石墨为例，金刚石的物理性质表现为无色透明、金刚光泽，硬度高、{111} 解理中等，熔点高、导热好、不导电；石墨的物理性质表现为黑色、不透明、半金属光泽，硬度低、{0001} 解理完全或极完全，导电导热。再如，自然硫因属分子晶格，其物理性质表现为硬度低、性脆、相对密度小，熔点低、导电导热性极弱。

6.1.4　成因产状

自然元素矿物在成因上差别比较大，其中 Pt 族元素矿物与超基性、基性岩浆岩有关；Au 和半金属元素矿物主要是热液成因；Cu、Ag 的成因主要有热液成因和风化成因，风化成因常见于硫化物矿床的氧化带；金刚石在成因上与超基性岩浆岩密切相关；石墨和自然硫成因多样，但石墨通常以变质成因为主，而自然硫则主要通过火山作用和生物化学沉积作用形成。

6.1.5　分类

根据元素的化学性质，自然元素及其类似物矿物大类可进一步分为三个矿物类——自然金属元素矿物类、自然半金属元素矿物类、自然非金属元素矿物类。

自然半金属元素矿物在自然界少见，因此本章不做介绍。

6.2　自然金属元素矿物

自然金属元素矿物包含自然铜族、自然铂族等。自然铜族矿物包括自然铜、自然金、自然银等矿物，均属于铜型结构。由于 Au、Ag 的原子半径、性质相近，可形成连续类质同象；Cu 的原子半径较小，只在高温条件下可与 Au 形成有限的类质同象，此外 Au 和 Cu 可形成金属化合物（也即金属互化物）。自然铂族矿物包括自然铂、自然钯、自然铱、自然锇、自然钌等。按晶体结构本族矿物分为 2 个亚族，即自然铂亚族和自然锇亚族。其中，自然铂亚族为铜型结构，包括自然铂、自然钯和自然铱等，属立方晶系；自然锇亚族为锇型结构，包括自然锇、自然钌等，属六方晶系。

在此，仅介绍自然铜族的自然金和自然铂族的自然铂。

6.2.1　自然金（Gold）

【化学组成】化学式为 Au。自然金的化学成分除 Au 以外，常与 Ag 构成连续类质同象系列。通常将 Ag 含量＜15％者称自然金；Ag 含量为 15％～50％者称银金矿；Ag 含量为 50％～85％者称金银矿；Ag 含量为 85％～100％者称自然银。此外，自然金还常含有 Cu、Fe、Pt、Pd、Ir、Bi、Te、Se 等元素。

【晶体结构】具铜型结构，结构模型如图 6-2(a) 所示。空间群 Fm$\overline{3}$m，属立方晶系，晶胞参数 $a=4.078$Å，晶胞含 Cu 原子数 $Z=4$。

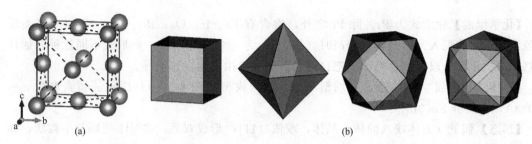

图 6-2 自然金晶体结构 (a) 和自然金晶体形态 (b)

【形态】单晶体少见，自形晶呈 {111} 八面体、{100} 立方体、{210} 菱形十二面体、四六面体、三角三八面体和四角三八面体及其聚形 [图 6-2 (b)]；可依 {111} 形成双晶；常呈树枝状、鳞片状或纤维状及分散粒状集合体，较大团块状的外生成因的沙金俗称"狗头金"。

自然金的形态具有标型意义，一般深部成矿者常呈八面体为主的习性，中深部成矿者常呈菱形十二面体为主的习性，浅部成矿者则以四角三八面体、三角三八面体或树枝状等复杂形态为主。

【物理性质】颜色和条痕均为金黄色，随含 Ag 量的增多而颜色变浅。金属光泽，且随含 Ag 量的增多而光泽增高，不透明。硬度为 2.5～3.0，无解理，具强延展性（1g 自然金可拉成约 2 公里长的细丝）。自然金的相对密度介于 15.6～19.3，纯金的相对密度可达 19.3。导热、导电性良好。

【成因产状】自然金主要产于热液成因的含金石英脉、蚀变岩中。其中，自然金常呈细小包裹体存在于黄铁矿、黄铜矿、闪锌矿、方铅矿和石英中。在外生条件下，自然金常富集形成沙金矿床。

世界著名产地有南非的威特沃特斯兰德、美国的加利福尼亚和阿拉斯加、澳大利亚的新南威尔士、加拿大的安大略、俄罗斯的乌拉尔和西伯利亚等地。我国的原生自然金主要产于山东、河南、内蒙古等省区。砂金则主要产于黑龙江、湖南、辽宁、吉林、四川、新疆等省区。世界上最大的一块自然金发现于 1858 年，产地是澳洲西部的巴拉喇脱金矿，它的质量为 83.95kg。

【鉴定特征】颜色和条痕均为金黄色，低硬度，相对密度大，强延展性；火烧不变色；化学性质稳定，在空气中不氧化；不溶于酸但溶于王水（浓盐酸 HCl 和浓硝酸 HNO_3 按体积比为 3：1 组成的混合物）。

【主要用途】自然金是金矿石中最主要的矿石矿物，是金的主要来源。金主要用于货币储备或铸造货币、装饰品。由于金具备独特的良好的性质，它具有极高的抗腐蚀的稳定性；良好的导电性和导热性；金的原子核具有较大捕获中子的有效截面；对红外线的反射能力接近 100％；在金的合金中具有各种触媒性质；金还有良好的工艺性，极易加工成超薄金箔、微米金丝和金粉；金很容易镀到其他金属和陶器及玻璃的表面上，在一定压力下金容易被熔焊和锻焊；金可制成超导体与有机金等。正因如此，金及其合金材料广泛应用于重要的现代高新技术产业，如电子技术、通信技术、宇航技术、化工技术、医疗技术等。

6.2.2　自然铂（Platinum）

【化学组成】化学式为 Pt。除 Pt 之外，常含有 Fe、Ir、Os、Rh、Pd、Ni、Cu 等类质同象混入物。当混入元素的含量较高时（如含 Fe 为 9%～11% 时），则形成不同亚种，如铁自然铂（粗铂矿）以及铱自然铂、钯自然铂、铑自然铂、镍自然铂等。

【晶体结构】属立方晶系，具铜型结构，结构模型如图 6-2（a）所示。晶胞参数 $a=$ 3.923Å，空间群 $Fm\bar{3}m$。

【形态】偶见立方体或八面体小晶体，或依 {111} 形成双晶，多呈不规则细小粒状，亦见块状、葡萄状等集合体。

【物理性质】锡白色，铁含量高者呈钢灰色，条痕呈光亮钢灰色，金属光泽，不透明。硬度为 4～4.5，具强延展性（铂金可以拉伸为直径为 0.001mm 的细线并可锤打成 0.127μm 厚的箔片，1g 铂金即使被拉成 1.6km 长的细丝也不会断裂），无解理，断口呈锯齿状。相对密度可达 21.5，因含混入物常介于 14～19 之间。微具磁性，导热和导电性良好。

铂金化学性质稳定；常温下不与盐酸、硝酸、硫酸以及有机酸发生作用，有"最耐腐蚀金属"之称，但溶于王水。铂金具有优良的抗氧化性和良好的催化性，同时具有热电性。

【成因产状】自然铂主要产于基性或超基性岩有关的含铂的铜镍硫化物矿床，也见于含铂的铬铁矿矿床，常与橄榄石、铬铁矿、辉石和磁铁矿等矿物共生；此外，还见于外生的砂矿床中。

世界重要产地有俄罗斯的诺里尔斯克地区，加拿大安大略的萨德伯里、阿尔伯达地区，南非德兰士瓦的兰德地区，美国的蒙大拿州、俄勒冈州的部分地区，澳大利亚西部的坎巴大地区，巴西米纳斯吉拉斯的塞苏地区。甘肃的金昌、四川的杨柳坪和会理、云南的金宝山、黑龙江的五星、河北的红石砬等地是我国自然铂的重要产地。

【鉴定特征】以其钢灰色、强延展性和相对密度大为主要鉴定特征；不溶于普通酸类。

【主要用途】　铂作为一种典型的贵金属材料，在基础研究过程中发挥了重要作用。在医学领域，铂纳米粒子作为一种光谱抗癌药物，对多种癌细胞表现出显著的细胞毒性作用，同时可将其作为生物传感器来监测细胞的活动状态；在催化合成领域，铂可作为氢化、脱氢、异构化、环化、脱水、脱卤、氧化、裂解等化学反应的理想催化剂；此外在其他化学催化合成过程中也是应用广泛；在工业领域，铂因其优异的耐高温（熔点 1755℃）、耐腐蚀（除王水外不溶于任何酸，碱）、耐摩擦特性而广泛应用于现代航空航天、国防、电子工业、原子能工业、化学工业、实验仪器以及医疗设备等相关领域。此外，铂还可用于制造首饰，如项链、戒指、钻托等。

6.3　自然非金属元素矿物

自然非金属元素矿物主要包括自然硫族和自然碳族（金刚石—石墨族）两大族。自然硫有三个同质多象变体，即正交晶系的 α-硫和单斜晶系的 β-硫、γ-硫。此外，还有胶状的非晶质硫。自然界只有 α-硫常见，β-硫、γ-硫则少见。当温度高于 95.6℃时，α-硫易转化为 β-硫，当温度再度低于 95.6℃时，β-硫又复原为 α-硫。γ-硫在常温常压下极不稳定，容易转变为 α-硫。

通常所说的自然硫即指 α-硫。在 α-硫的晶体结构中硫分子由 8 个原子以共价键组成，8 个原子上下相间交替组成环状分子，因此硫分子通常以 S_8 表示。各硫分子（环）彼此以分子键连接构成分子晶格。

自然碳族主要是碳的 2 个同质多象变体：金刚石和石墨。如图 6-3（a）所示，金刚石具典型的金刚石型结构，每个碳原子与周围 4 个碳原子以共价键相连接，形成四面配位体的空间三维网络状结构。

如图 6-3(b) 所示，石墨具层状晶体结构。每 6 个碳原子构成 1 个六方环，各六方环呈平面相连构成二维层状结构，层内碳原子主要以共价键相连，部分为金属键；层间则为分子键。石墨有 2 个多型变体，即石墨-2H 和石墨-3R，后者较少见。

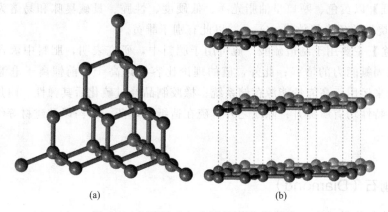

(a)   (b)

图 6-3　金刚石（a）和石墨（b）的结构

6.3.1　自然硫（Sulphur）

【化学组成】化学式为 S_8。化学成分除 S 之外，火山成因者常含有少量 Se、Te、As 和 Tl；生物化学沉积者则含有泥质、有机质等机械混入物。

【晶体结构】自然硫结构模型如图 6-4（a）所示。空间群 Fddd，属正交晶系。晶胞参数 $a=10.468\text{Å}$、$b=12.870\text{Å}$、$c=24.490\text{Å}$，晶胞含 S_8 分子式数 $Z=16$。

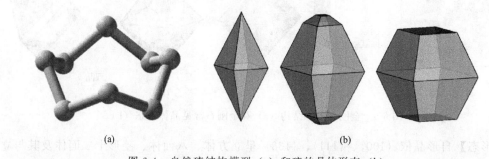

(a)   (b)

图 6-4　自然硫结构模型（a）和硫的晶体形态（b）

【形态】以｛111｝、｛001｝等面形成晶体，自形晶呈双锥状、厚板状，或由斜方双锥、斜方柱、平行双面等组成聚形，如图 6-4（b）所示；通常为块状、粒状、粉末状、钟乳状等集合体。

【物理性质】带有不同色调黄色，条痕呈白或淡黄色。晶面呈金刚光泽，断口呈油脂光泽或树脂光泽。硬度为 1.5～2.5，性脆，具｛001｝、｛110｝、｛111｝不完全解理，贝壳状断口。相对密度为 2.07。不导电，经摩擦带负电。因热膨胀的不均匀性，易受热产生裂纹。具硫臭味，熔点低（熔点为 112.8℃）。

【成因产状】主要产于生物化学沉积和火山喷气形成的自然硫矿床。其中，大型沉积自然硫矿床与含大量硫酸盐（石膏、硬石膏）的蒸发岩系有关。

世界闻名的硫晶体产于西西里吉珍提（Girgenti），与天青石、石膏、方解石和霞石共生。硫亦产于墨西哥、夏威夷、日本、阿根廷、智利、美国的德州与圣路易斯安纳州等国家和地区。中国自然硫主要产地是台湾北部的大屯火山区，此外山东、黑龙江及青海、新疆等地亦有产出。

【鉴定特征】以黄色、断口呈油脂光泽、低硬度、性脆、具硫臭味和易熔为特征；加热至 270℃时燃烧发蓝色火焰放出 SO_2，并以此有别于雌黄。

【主要用途】主要用于制造硫酸。硫可用于肥料中，研究表明，肥料中硫含量的提升有助于豆类植物固氮能力的增强；此外，硫的理论比容量远高于目前锂离子电池正极材料体系，有望在未来运用于高能量能源存储系统；橡胶制品经过硫化后其弹性、耐热性、拉伸强度以及耐溶解特性均有所提升；除此之外，硫在造纸、炸药、医药以及建材等领域均有广泛应用。

6.3.2 金刚石（Diamond）

【化学组成】化学式为 C。除 C 以外，常含有 B、N、Si、Cr、Al、Mg、Fe、Na、Ti 等元素。

【晶体结构】结构如图 6-5（a）所示，空间群 $F\overline{d}3m$，属立方晶系。具有立方面心晶胞，碳原子除位于立方体晶胞的 8 个角顶和 6 个面的中心外，在立方体被分割出的 8 个小立方体中，相间的小立方体中心亦分布有碳原子。晶胞参数 $a=3.567Å$，晶胞含碳原子数 $Z=8$。

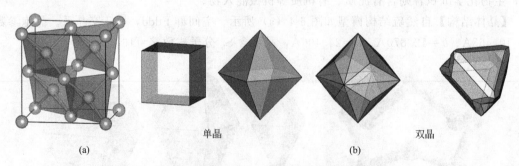

单晶 双晶
(a) (b)

图 6-5 金刚石晶体结构（a）和金刚石常见晶体形态（b）

【形态】自形晶依｛100｝、｛111｝、｛133｝呈立方体、八面体、菱形十二面体及其与立方体、四六面体组成的聚形［图 6-5（b）］，也偶见依｛111｝形成接触双晶。常呈圆粒状或碎粒产出，由于溶蚀使晶面、晶棱弯曲或晶形常呈浑圆状且晶面常有三角形、四边形等蚀象；可见依 {111} 成双晶；金刚石单晶大小不一，直径多小于 1mm，偶见大颗粒产出，如我国山东临沭于 1977 年发现的"常林钻石"重达 158.786 克拉（1 克拉＝0.2g）。

【物理性质】不含杂质的金刚石为无色透明，因混入物的不同可呈不同颜色，如天蓝色（含 Cr）、黄色（含 Al）、黑色（含石墨包裹体），此外还可见褐色、烟灰色、乳白色、浅绿色、玫瑰色、紫色等。典型的金刚光泽，透明。具发光性，经日光暴晒后夜间（或置于暗室）发淡青蓝色的磷光，在紫外线照射下发绿色、天蓝色、紫色荧光或不发光，在 X 射线照射下发蓝色或浅蓝色的荧光（极少数不发荧光），在阴极射线下发蓝色或绿色光。具 {111} 中等或完全解理、{110} 不完全解理，贝壳状断口。硬度为 10。相对密度为 3.47～3.56，一般为 3.52。导热性良好、不导电。

【成因产状】金刚石产于高温高压条件下，原生金刚石主要产于金伯利岩，与橄榄石、金云母、铬透辉石等共生；还见于钾镁煌斑岩和榴辉岩中。在外生条件下，原生金刚石经风化、搬运可形成砂矿，常与自然金、锡石、锆石、金红石等伴生。

世界金刚石主要产于南非、刚果、俄罗斯等地。我国金刚石的主要产地为山东、辽宁、湖南、贵州等地。

【鉴定特征】以极高的硬度、典型的金刚光泽、晶形常呈浑圆状和具发光性为特征。

【主要用途】由于金刚石具有极高的硬度以及优异的导热性，常用于砂纸、钻探、研磨等工具上，或用于切削及刻划其他物质，也用于大型集成电路的散热板上。自 1955 年高温高压制备人造金刚石技术成熟后，由于其相对便宜的价格，使得天然钻石的工业价值基本已经安全消失，目前天然钻石的主要用途仅限于观赏。因此，根据用途，分为宝石金刚石和工业金刚石。前者主要是利用其光泽和硬度经人工琢磨成各种多面体后成为"钻石"；后者则是利用其高硬度、高熔点、有极强的抗酸、抗碱和耐磨等性能用于研磨、切削和制作拉丝模的材料、集成电路中的散热片、原子能工业的高温半导体材料等，广泛应用于机械、电子、国防、空间和民用等各种工业领域和科学技术研究。

6.3.3 石墨 (Graphite)

【化学组成】化学式为 C。通常含有较多杂质，如黏土矿物、SiO_2、Al_2O_3、FeO、沥青等杂质。

【晶体结构】属六方或三方晶系，晶体结构如图 6-6 所示。

六方晶系 2H 型，空间群 $P6_3/mmc$，晶胞参数 $a=2.464$Å、$c=6.711$Å，晶胞含 C 原子数 $Z=4$；三方晶系 3R 型，空间群 $R\bar{3}m$，$a=2.461$Å、$c=10.062$Å，晶胞含 C 原子数 $Z=6$。其中，2H 型最常见。

【形态】单晶体以 {001} 呈片状或板状，自形晶以 {101} 呈六方双锥、六方柱和平行双面组成的聚形（如图 6-7 所示），其底面常具三角形条纹，但完好晶形者少见；一般为鳞片状、块状或土状集合体。

【物理性质】颜色为铁黑至钢灰色，条痕为黑色。半金属光泽，隐晶质者光泽暗淡，不透明。硬度为 1～2，具 {0001} 极完全解理，薄片具挠性，有滑感，易污手。导电性良好。相对密度为 2.09～2.23。

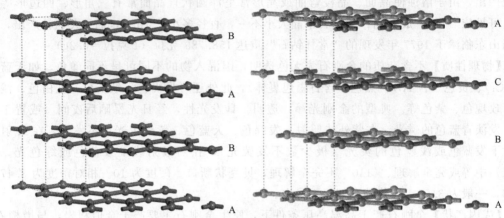

图 6-6 石墨晶体结构

【成因产状】石墨形成于高温还原条件，主要为变质成因，也有岩浆热液成因者。分布最广的是区域变质型石墨，系由富含有机质或碳质的沉积岩经区域变质作用形成，与透辉石、透闪石、阳起石、钙铝榴石等共生；接触变质型石墨常见于煤层或富碳沉积岩与侵入岩的接触带；岩浆热液型石墨为晚期残浆同化混染含碳围岩，碳重新聚集、结晶或岩浆期后含碳气水热液沿裂隙充填结晶形成。从石墨的存在形式而言，鳞片状石墨主要产于石墨片岩、石墨片麻岩和石墨花岗岩中；隐晶质土状石墨主要产于石墨板岩中。

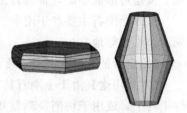

图 6-7 石墨的晶体形态

我国石墨资源量居世界前列，并具有分布广、质量优、易选矿、易开采等特点。区域变质型石墨产地主要有黑龙江的柳毛、山东的南墅、江西的金溪、云南的元阳、内蒙古的兴和等地；接触变质型石墨以湖南的鲁塘、吉林的磐石等石墨矿床为代表；岩浆热液型石墨则以新疆的奇台县苏吉泉和尉犁县托克布拉克等石墨矿床为代表。

全球其他著名产地还有斯里兰卡、马达加斯加、美国的纽约等国家和地区。

【鉴定特征】黑色、硬度低、相对密度小、有滑感。将用 $CuSO_4$ 溶液润湿的颗粒放在石墨上可析出金属铜斑点，而与之相似的辉钼矿则无此反应。

【主要用途】石墨的层状结构及其化学键特点决定其具有导热导电性、抗热震性（耐火材料受到剧烈温度变化或在一定温度范围冷热交替条件下而不致破坏的能力）、化学稳定性等物理化学性质。因而石墨的用途甚广，冶金工业主要用于制造高温坩埚和衬砖、炼钢保护渣和增碳剂；机械工业主要用于润滑剂、密封材料；电气工业主要用于制造电碳制品、碳素制品；化学工业用于制作涂料、染料等。此外，石墨还用于核工业、航天工业等领域。

思 考 题

1. 什么是金属互化物？它与类质同象有何区别？

2. 为什么自然金没有解理？

3. 简述自然硫晶体结构的特点。

4. 原生金刚石主要产于什么岩石中？

5. 试分别阐述金刚石与石墨的晶体结构、形态和物理性质。

第 7 章

硫化物及其类似物矿物

7.1 概述

硫化物矿物，是指金属阳离子与硫结合而形成的化合物矿物。其类似物矿物是指金属元素与硒、碲、砷、锑、铋等结合而形成的化合物矿物。现已发现的硫化物及其类似物矿物约有 370 种，约占矿物总数的 10%，其中以硫化物矿物为主，占该大类矿物种数总数的三分之二以上。该大类矿物的总质量仅占地壳总质量的约 0.15%，其中铁的硫化物占绝大部分。

该大类矿物是工业上有色金属和稀有分散元素矿产的重要来源，也是各类热液矿床中的重要组成矿物，其各类特征标型对矿床的成因、规模、剥蚀程度和深部及外围找矿具有十分重要的指示意义。

7.1.1 化学成分

自然界形成硫化物及其类似物矿物的元素种类及其在元素周期表中的位置如表 7-1 所示。

表 7-1　形成硫化物及其类似物矿物的主要元素

I A																	VIII A
	II A											III A	IV A	V A	VI A	VII A	
		III B	IV B	V B	VI B	VII B		VIII B			I B	II B				S	
				V		Mn	Fe	Co	Ni	Cu	Zn	Ga	Ge	As	Se		
				Mo			Ru	Rh	Pd	Ag	Cd	In	Sn	Sb	Te		
				W		Re		Pt	Au	Hg	Tl	Pb	Bi				

组成该大类矿物的阴离子元素主要是 S，其次为 Se、Te、As、Sb 和 Bi。它们既可以呈单阴离子状态，如 S^{2-}、Se^{2-}、Te^{2-}、As^{3-}、Sb^{3-} 等，形成简单的化合物；也可以形成对

阴离子，如 $[S_2]^{2-}$、$[Se_2]^{2-}$、$[Te_2]^{2-}$，构成对硫化物、对硒化物等。此外，S 还可与半金属元素 As、Sb 等构成 $[AsS_3]^{3-}$、$[SbS_3]^{3-}$ 等络阴离子，再与 Cu、Ag、Pb 这三种铜型离子结合形成"硫盐"。

组成该大类矿物的阳离子主要为铜型离子及性质接近铜型离子的过渡型离子。其中与 S 结合的主要为 Fe、Co、Ni、Mo、Cu、Pb、Zn、Ag、Hg、Cd、Sb、Bi、As、Se 等元素的离子，而 Ga、In、Re 元素的离子则呈类质同象关系存在于硫化物中；与 Se 结合的主要为 Cu、Ag、Hg、Bi、Co、Ni 等元素的离子；与 Te 结合的主要为 Cu、Ag、Au、Pb、Bi、Ni、Pt、Rh 等元素的离子；与 As 结合的主要为 Fe、Co、Ni、Pt 等元素的离子。

本大类矿物元素间的类质同象现象十分普遍，既有等价类质同象替代，如 Ag $\Longleftrightarrow$ Cu，Co $\Longleftrightarrow$ Ni $\Longleftrightarrow$ Fe，Fe $\Longleftrightarrow$ Zn，Re $\Longleftrightarrow$ Mo 等；也有异价类质同象替代，如 Fe^{2+} $\Longleftrightarrow$ Fe^{3+}，Ga^{3+} $\Longleftrightarrow$ Zn^{2+} 等之间。特别是一些稀有分散元素往往以类质同象替代形式富集于硫化物中。

7.1.2 晶体化学特征

硫化物及其类似物总体上可归属于离子化合物，但其性质与典型的离子化合物又有区别，这取决于硫化物及其类似物中元素的电负性。由于阴、阳离子间的电负性相差较小，当吸引电子的能力近似时价电子趋于共用，则其键型向共价键过渡，如 ZnS、HgS、GdS、AsS 等；排斥电子的能力相似时价电子类似自由电子，则其键型向金属键过渡，如 PbS、$CuFeS_2$、NiAs、$PtAs_2$ 等。所以在硫化物及其类似物矿物晶格中键型明显带有过渡性，分别向共价键和金属键过渡。

硫化物矿物晶体结构中，金属阳离子的配位多面体多以八面体或四面体为主，配位数分别为 6 和 4。属于八面体配位结构的有方铅矿、磁黄铁矿、黄铁矿等；属于四面体配位结构的有闪锌矿、黄铜矿等。此外，还有其他配位数，较少见。在结构上还有链状、层状等，前者如辉锑矿、辉铋矿；后者如辉钼矿、铜蓝、雌黄等。

7.1.3 物理性质

该大类矿物的物理性质与化学键性质和晶体结构类型密切相关。

7.1.3.1 光学性质

在光学性质上，向共价键过渡的矿物表现为非金属色，条痕一般浅于自身颜色、为浅色或彩色，金刚光泽，半透明，如闪锌矿、辰砂等；向金属键过渡的矿物表现为金属色，条痕一般深于自身颜色、多为黑色，金属光泽，不透明，如方铅矿、黄铜矿等。在硫化物中没有玻璃光泽矿物，这与典型的离子化合物完全不同。

7.1.3.2 力学性质

具金属光泽的简单硫化物类矿物是否发育解理，取决于结构中化学键的类型和强度分布；多具解理尤其是具金刚光泽的简单硫化物均发育完好解理；具有分子键的链状或层状的复合键矿物，则常沿链或层的方向发育一组极完全解理；对硫化物无解理。

简单硫化物类矿物的硬度较低，其原因是阴离子半径大、阳离子电价低，因而离子电位不高，如方铅矿、闪锌矿、黄铜矿；或者阳离子电价虽较高（3～4 价）但矿物晶格具层状或链状结构，层内或链内结合力虽强但层间和链间的连接薄弱，如辉钼矿、辉锑矿等。

对硫化物类矿物具较高的硬度，这与对硫络阴离子不仅自身内部的键力较强而且离子的变形性比单硫离子要大，对硫离子与阳离子的距离大大缩短、内部质点的排列更紧密有关。

7.1.3.3　其他物理性质

硫化物类矿物的相对密度一般较大，多大于 4。对于单硫化物，其相对密度大小主要取决于阳离子的原子量大小；对硫化物的相对密度大小则主要取决于内部质点的堆积紧密程度，如黄铁矿的相对密度为 5，毒砂的相对密度为 6.2。

向共价键过渡的矿物为电、热的不良导体，如闪锌矿、辰砂等；向金属键过渡的矿物具有显著的导电性和导热性，如方铅矿、黄铜矿等。

7.1.4　成因和形态

硫化物及其类似物矿物的形成温度范围很大。在岩浆作用中形成的硫化物有 Fe、Ni、Cu 以及 Pt 族元素的硫化物，而其他矿物在高温时易挥发或分解，因而很少直接形成于岩浆作用。

绝大多数硫化物及其类似物矿物形成于热液作用，Mo、Bi、Cu、Pb、Zn、Hg、Co 及 Fe 等的硫化物主要来自各种热液矿床和矽卡岩作用热液期矿床。

在外生条件下，本大类矿物绝大多数容易氧化而不稳定。因此，只有在还原条件下才能形成硫化物。

在风化作用中，多数硫化物转变为含氧盐或氢氧化物。例如：

$$PbS + 2O_2 \longrightarrow PbSO_4（铅矾）$$

$$CuFeS_2 + 4O_2 \longrightarrow CuSO_4 + FeSO_4$$

$$4FeSO_4 + O_2 + 6H_2O \longrightarrow 4FeO(OH)（褐铁矿） + 4H_2SO_4$$

风化作用形成的某些硫酸盐，随地下水渗到浅水面附近与原生硫化物反应能形成次生硫化物。例如：

$$5FeS_2 + 14CuSO_4 + 12H_2O \longrightarrow 7Cu_2S（辉铜矿） + 5FeSO_4 + 12H_2SO_4$$

该反应有大量硫酸形成，因而次生硫化物必须是在酸性溶液中能保持稳定者。同时，为使此反应能发生，该元素的硫酸盐还应易溶于水。在风化作用形成次生硫化物的元素主要是 Cu。辉铜矿 Cu_2S 和铜蓝 CuS 常在风化带的下部大量聚集，可形成具有工业价值的矿床。此外，Cd、Ag 等少数几种元素也能形成次生硫化物，但实际应用意义较小。

在沉积作用中，硫化物形成于还原条件下，经常赋存于黑色或灰色富含有机质或低价铁的沉积岩中。如含煤地层中的黄铁矿，碳质页岩中的辉钼矿及赋存于砂岩、石灰岩（或白云岩）和页岩中的黄铜矿等。

硫化物矿物的形态主要受其结构类型影响，具有氯化钠型、闪锌矿型、红砷镍矿型及其衍生结构的方铅矿、闪锌矿、磁黄铁矿、黄铁矿、黄铜矿的晶体常呈粒状；具有链状结构的辉锑矿、辉铋矿的晶体形态则呈长柱状或放射状；具有层状结构的辉钼矿晶体则常呈片状、板状等。

7.1.5　分类

该大类矿物按组成阴离子或阴离子团的结构不同可分为三类——单硫化物类、对硫化物类和硫盐类。

7.1.5.1　单硫化物类

单硫化物类矿物，是指由 S^{2-}、Se^{2-} 等简单阴离子与阳离子（部分铜型离子和过渡型离子）组成的矿物，如方铅矿 PbS、黄铜矿 $CuFeS_2$、辉钼矿 MoS_2 等。其中，黄铜矿和辉钼矿中的 S_2 代表两个简单 S^{2-} 离子。

7.1.5.2　对硫化物类

对硫化物类矿物，是指由共价键结合成的双原子阴离子（如 $[S_2]^{2-}$、$[Se_2]^{2-}$、$[AsS]^{2-}$ 等）与阳离子（主要是过渡型离子）组成的矿物。常见的对硫化物有黄铁矿 $Fe[S_2]$（亦简写为 FeS_2）、毒砂 $Fe[AsS]$ 等。对硫化物又称复硫化物或双硫化物。

7.1.5.3　硫盐类

含硫盐类矿物的阴离子为半金属元素 As、Sb、Bi 与 S（偶尔有 Se）结合而成的离子团 $[AsS_3]^{3-}$、$[SbS_3]^{3-}$ 等，这些离子团再与阳离子（主要是 Cu、Ag、Pb）组成含硫盐类矿物，如黝铜矿 $Cu_{12}Sb_4S_{13}$ 等矿物。

7.2　单硫化物矿物

单硫化物主要有方铅矿族、闪锌矿族、辰砂族、黄铜矿族、辉锑矿、辉钼矿、雄黄族、雌黄族、磁黄铁矿族等。其中化合物属于 AX 型的有方铅矿族、闪锌矿族、辰砂族、雄黄族、磁黄铁矿族等族矿物，辉钼矿族矿物化合物属 AX_2 型，辉锑矿族、雌黄族矿物化合物均属 A_2X_3 型。

方铅矿族矿物包括方铅矿、硒铅矿 PbSe（Clausthalite）、碲铅矿 PbTe（Altaite）等，分布最广的是方铅矿。闪锌矿族矿物包括 ZnS 的等轴变体闪锌矿和六方变体纤锌矿及其类似的硫化物矿物，如硫镉矿 CdS（Greenockite），分布最广的是闪锌矿。辰砂族矿物包括 HgS 三个同质多象变体：三方晶系的辰砂、立方晶系的黑辰砂（Metacinnabar）和六方晶系的六方辰砂（Hypercinnabar）。辰砂形成于碱性介质中，黑辰砂形成于酸性介质中，六方辰砂为高温相。分布最广的是三方晶系辰砂，后两者产出稀少。

黄铜矿族矿物包括黄铜矿、黄锡矿 Cu_2FeSnS_4（Stannite）等。自然界中二者均有两个同质多象变体：低温四方晶系和高温立方晶系变体。黄铜矿同质多象转变温度是 550℃，黄锡矿是 420℃。高温变体结构中阳离子无序分布，具闪锌矿型结构。低温四方变体中阳离子有序分布，对称性降低。自然界分布最广的是低温四方晶系黄铜矿。

辉钼矿族矿物包括辉钼矿和辉钨矿 WS_2，后者极罕见。自然界辉钼矿有 2H 和 3R 两种多型，两者物理性质极为相似。

雄黄有高温、低温两个变体，均属单斜晶系，但空间群和晶胞参数不同。α-As_4S_4 是常温稳定相，β-As$_4$S$_4$ 是高温变体，相变温度约为 250℃。通常雄黄指 α-As$_4$S$_4$。而雌黄族矿物最常见的是雌黄。辉锑矿族矿物均属正交晶系，以辉锑矿最为常见，辉铋矿次之。

　　磁黄铁矿族矿物主要有磁黄铁矿和红砷镍矿。晶体结构属红砷镍矿 NiAs 型。表现为阴离子作六方最紧密堆积，阳离子填充在八面体空隙中，阳离子的配位八面体上下共面，平行 Z 轴连接。磁黄铁矿在自然界分布较多，有两种同质多象变体。320℃ 以上稳定存在的是高温六方晶系变体；320℃ 以下稳定存在的是低温单斜晶系变体。

　　下面着重介绍上述各族矿物自然界分布最广的矿物种。

7.2.1　方铅矿 (Galena)

　　【化学组成】化学式为 PbS。理论值为含 Pb 86.6%、含 S 13.4%。常含 Ag、Bi、Cu、Fe、Zn、Tl、As、Sb、Se 等混入物。

　　【晶体结构】晶体结构如图 7-1 (a) 所示。空间群 Fm$\overline{3}$m，属立方晶系，同 NaCl 型。晶胞参数 $a = 5.936$Å，晶胞含 PbS 分子式数 $Z = 4$。

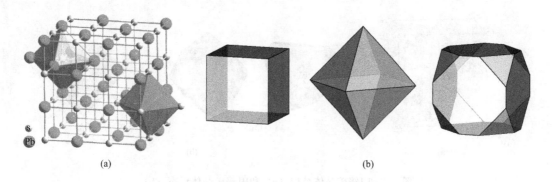

图 7-1　方铅矿晶体结构 (a) 和方铅矿常见单晶体形态 (b)

　　【形态】常以 {100}、{111} 形成立方体和八面体单晶晶形或以 {100}、{111} 形成立方体与八面体相结合的聚形等 [图 7-1(b)]；通常呈粒状、致密块状集合体。

　　【物理性质】铅灰色，条痕呈灰黑色。金属光泽，不透明。具 {100} 完全解理。硬度为 2.5，性脆，常见贝壳状断口。相对密度为 7.4～7.6，具弱导电性。

　　【成因产状】方铅矿为分布广泛的金属硫化物矿物之一，主要形成于岩浆后期热液。可产于接触交代的矽卡岩矿床，与磁铁矿、黄铁矿、磁黄铁矿、黄铜矿、闪锌矿等矿物共生；也产于中低温热液矿床，与闪锌矿、黄铜矿、黄铁矿、石英、方解石、重晶石等矿物共生。在地表氧化带方铅矿不稳定，常转变为铅矾、白铅矿等矿物。

　　我国方铅矿产地很多，主要有云南金顶、广东凡口、甘肃厂坝、青海锡铁山、湖南水口山等。

　　【鉴定特征】铅灰色、立方体完全解理、强金属光泽、性脆和相对密度大等是其主要鉴定特征。此外，方铅矿与 KHSO$_4$ 或 HCl 一同研磨后有 H$_2$S 气体逸出。

　　【主要用途】方铅矿是提取铅的最重要的矿物原料，目前的主要研究方向集中于硫化铅向铅的转化过程。通常的做法是通过氧化的方法将硫化铅转化成氧化铅，随后利用炭还原的方法获得铅单质。硫化铅作为一种直接带隙半导体材料，通过控制硫化铅纳米颗粒尺寸可以调节其能带大小，并提升光电转换效率，因此可应用于太阳能电池领域；此外，由于硫化铅对光子的敏感特性，长期以来，硫化铅广泛用于红外传感器领域。铅主要用于蓄电池和金属产品、制造玻璃和陶瓷的袖料、制作焊锡（铅和锡）等某些合金；另外，因铅对放射性具有屏蔽效应而应用于辐射隔离相关领域。

7.2.2 闪锌矿（Sphalerite）

【化学组成】化学式为 ZnS。理论值为含 Zn 67.1%、含 S 32.9%。经常有 Fe、Mn、Cd、Ga、In、Ge、Hg 等类质同象混入物。其他类质同象混入物有 Mn、Cd、In、Ga、Ge 等。其中，Fe 的类质同象混入物最普遍，替代量也最多，Fe 的含量最高可达 26%（原子数达 43%）。一般随温度升高铁的替代量增加，因此有人提出用闪锌矿中铁的含量作为估计矿床形成温度的地质温度计。

【晶体结构】晶体结构如图 7-2(a) 所示。空间群 $F\bar{4}3m$，属立方晶系。晶胞参数 $a=$ 5.406Å，晶胞含 ZnS 分子式数 $Z=4$。

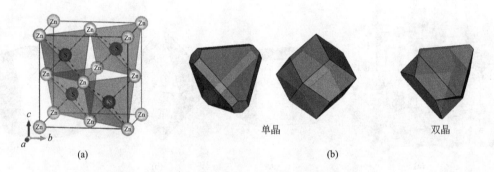

图 7-2　闪锌矿晶体结构（a）和闪锌矿晶体形态（b）

【形态】常由 {111} 形成四面体单晶，或由 {110} 形成菱形十二面体，偶见由四面体、立方体、菱形十二面体组成的聚形，或由正四面体 {111} 和负四面体 {$\bar{1}\bar{1}\bar{1}$} 组成的聚形；可依 {111} 结合成双晶，如图 7-2(b) 所示。通常呈粒状集合体产出。

【物理性质】随着含铁量增加颜色变化很大，从浅黄色到褐色、褐黑色，直至铁黑色。条痕由白色到黄色、褐色（总比颜色浅些）。金刚光泽至半金属光泽，半透明至几乎不透明。具 {110} 完全解理，硬度为 3.5~4，性脆，常见贝壳状断口。相对密度为 3.9~4.1，随含铁量增加而降低。不导电。

【成因产状】闪锌矿主要为热液成因。产于高温热液的闪锌矿，通常以富铁为特征，常与毒砂、磁黄铁矿、黄铜矿、黄铁矿、石英等矿物共生；产于中温热液的闪锌矿，常与方铅矿、黄铜矿、黄铁矿、石英、方解石等矿物共生；产于低温热液的闪锌矿，与方铅矿、方解石、重晶石、石英等矿物共生。形成于接触交代矽卡岩矿床中的闪锌矿常与钙铝榴石、透辉石、磁铁矿、磁黄铁矿、黄铜矿等矿物共生。在氧化环境下闪锌矿易氧化为 $ZnSO_4$ 并溶于水而流失。当围岩为碳酸盐岩时可通过交代碳酸盐而形成菱锌矿。

我国闪锌矿产地较多，主要有云南金顶、广东凡口、青海锡铁山等。世界上著名产地有澳大利亚的布罗肯希尔、美国密西西比河谷地区等。

【鉴定特征】闪锌矿以具多组完全解理、金刚光泽、条痕色比颜色浅、常与方铅矿共生等而易于识别。锡石、石榴子石的颜色和光泽与闪锌矿相似，但其硬度大于小刀且无完全解理。黑钨矿的颜色、条痕及完全解理（一组）与含铁多的闪锌矿相似，但黑钨矿为板状、相对密度大。

【主要用途】闪锌矿单晶用作紫外半导体激光材料，闪锌矿可用于磷光剂，但是必须在结构中引入极少量的触媒剂；闪锌矿可作为红外光学材料。此外闪锌矿是提炼锌的最重要的矿物原料。闪锌矿常是 Cd、In、Ga、Ge 等元素最重要的来源。锌广泛用于冶金、机械、化工等领域，如用于合成黄铜（铜和锌的合金）、镀锌和制作电池、颜料；氯化锌可用于木材防腐等。

7.2.3 辰砂（Cinnabar）

【化学组成】化学式为 HgS。理论值为含 Hg 86.2%、含 S 13.8%。有时含少量 Se、Sb、Cu、Te 等杂质元素。

【晶体结构】晶体结构如图 7-3（a）所示，属变形的 NaCl 型结构。空间群 $P3_121$ 或 $P3_221$，属三方晶系。晶胞参数 $a=4.145\mathring{A}$，$c=9.496\mathring{A}$，晶胞含 HgS 分子式数 $Z=3$。

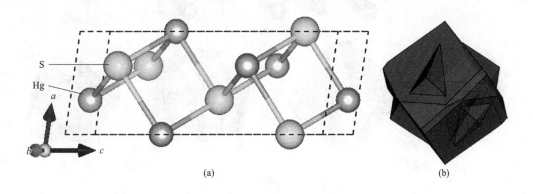

图 7-3 辰砂晶体结构（a）和辰砂的贯穿双晶形态（b）

【形态】单晶体常呈菱面体形，或沿 Z 轴发育呈柱状，或垂直于 Z 轴发育呈厚板状；常见以 Z 轴为双晶轴的贯穿双晶 ［图 7-3(b)］；集合体呈粒状，有时为致密块状或被膜状。

【物理性质】猩红色，有时表面呈铅灰色锖色。条痕呈红色，金刚光泽，半透明。硬度为 $2.0\sim2.5$，具 $\{10\bar{1}0\}$ 完全解理，性脆。相对密度为 8.176，不导电。

【成因产状】辰砂为典型的低温热液标型矿物。常与辉锑矿、雄黄、雌黄、黄铁矿、石英（玉髓）、方解石等矿物共生。外生条件下可形成于硫化物矿床氧化带下部。

我国是世界上辰砂的主要产出国之一，主要产地为湖南辰州、晃县，贵州铜仁等地区。世界其他产地有西班牙阿尔马登、意大利尤得里奥、美国加利福尼亚的沿岸山脉等。

朱砂王简介：1980 年 9 月在素有"中国汞都"之称的贵州汞矿出产的朱砂。一颗重量为 237g 的朱砂，它长为 65.4mm、宽 35mm、高 37mm。朱砂晶莹剔透，质地纯正，色呈暗红，棱角分明；它的一侧与白色水晶石连生，与朱砂红白相间、相互辉映，瑰丽无比，命名为"朱砂王"。朱砂王现在珍藏于中国地质博物馆。

【鉴定特征】颜色和条痕均为红色、相对密度大、硬度低、性脆等为主要鉴定特征。

【主要用途】辰砂是提炼汞的最重要矿物。汞主要用于电气设备、工业控制仪；电解制备以及科学器具、药物、催化剂和农业等领域。

7.2.4　黄铜矿（Chalcopyrite）

【化学组成】化学式为 $CuFeS_2$。理论值为含 Cu 34.56%、含 Fe 30.52%、含 S 34.92%。常含少量 Ag、Au、Zn、Mn、As、Sb、Te、Se 等混入物。

【晶体结构】晶体结构如图 7-4（a）所示，晶胞类似两个闪锌矿晶胞叠加而成。空间群 $I\bar{4}2d$，属四方晶系。晶胞参数 $a=5.289$Å、$c=10.423$Å，晶胞含 $CuFeS_2$ 分子式数 $Z=4$。

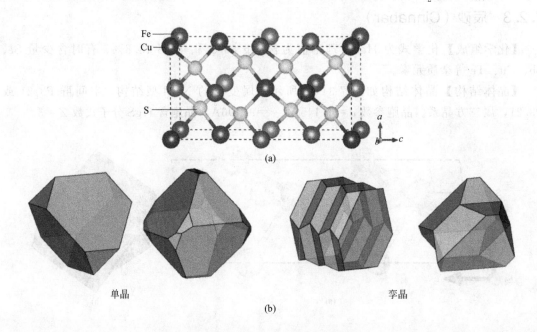

单晶　　　　　　　　　　　　　　　　　　　　孪晶

(b)

图 7-4　黄铜矿晶体结构（a）和黄铜矿晶体形态（b）

【形态】单晶体由 {112}、{11$\bar{2}$} 构成，呈四方双锥或四方四面体，但罕见；可由 {11$\bar{2}$} 接触形成孪晶，图 7-4（b）所示。通常呈致密块状或粒状集合体。

【物理性质】铜黄色，表面常有蓝、紫红等斑状锖色。条痕为黑色至绿黑色，金属光泽，不透明。性脆，无解理，硬度为 3.5～4。相对密度为 4.1～4.3，具导电性。

【成因产状】黄铜矿可形成于多种地质作用：在与基性、超基性岩浆有关的铜镍硫化物或钒钛磁铁矿矿床中，黄铜矿与磁黄铁矿、镍黄铁矿、钒钛磁铁矿等矿物共生；形成于接触交代矽卡岩矿床中的黄铜矿常与石榴子石、透辉石、黄铁矿、磁铁矿、毒砂、磁黄铁矿、方铅矿、闪锌矿等矿物共生；高温热液环境形成的黄铜矿与黑钨矿、辉铋矿、辉钼矿、黄铁矿、毒砂、方铅矿、闪锌矿等矿物共生；中温热液环境形成的黄铜矿与方铅矿、闪锌矿、斑铜矿、黄铁矿、辉钼矿、黝铜矿等矿物共生；低温热液环境形成的黄铜矿与方铅矿、闪锌矿、黄铁矿、重晶石等矿物共生。此外，还可见沉积成因的黄铜矿。

在风化环境下黄铜矿可转变为孔雀石、水胆矾、蓝铜矿等矿物；在次生还原条件下可转变为斑铜矿和辉铜矿。

黄铜矿是分布最广的铜矿物，是铜矿床的主要矿石矿物。中国的主要产地集中在长江中下游地区、川滇地区、山西南部中条山地区、甘肃的河西走廊以及西藏高原等。其中以江西德兴、西藏玉龙等铜矿最著名。世界其他主要产地有西班牙的里奥廷托，美国亚利桑那州的克拉马祖、犹他州的宾厄姆、蒙大拿州的比尤特，墨西哥的卡纳内阿，智利的丘基卡马塔等。

【鉴定特征】以其较深的铜黄色、硬度及铜的焰色反应（其粉末沾染 HCl 后灼烧，观察呈现先蓝后绿的焰色）等特点易于识别。黄铜矿与黄铁矿相似，但后者颜色较浅、硬度高。黄铜矿与斑铜矿的区别在于二者新鲜面的颜色不同，另外斑铜矿的锖色呈浓的紫蓝色，黄铜矿的锖色通常较淡。

【主要用途】其含铜量虽然不如辉铜矿 Cu_2S 和斑铜矿 Cu_5FeS_4，但在自然界的分布非常广泛，因而是最重要的铜矿物之一。铜具有良好的导电性、导热性、延展性，广泛用于电子电力、机械制造、交通运输、化学和国防等工业。

7.2.5　辉锑矿（Stibnite）

【化学组成】化学式为 Sb_2S_3。理论值为含 Sb 71.38%、含 S 28.62%。常含少量 As、Pb、Ag、Cu、Fe 等机械混入物。

【晶体结构】晶体结构如图 7-5(a) 所示。空间群 Pnma，属正交晶系。晶胞参数 $a=$ 11.312Å、$b=$3.840Å、$c=$11.236Å，晶胞含 Sb_2S_3 分子式数 $Z=4$。

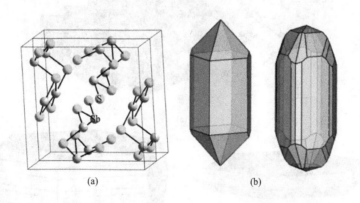

图 7-5　辉锑矿晶体结构 (a) 和辉锑矿单晶体形态 (b)

【形态】单晶体由 {110} 与 {331} 构成，呈长柱状，柱面具有明显的纵条纹 [如图7-5(b)]，解理面上常见横的聚片双晶纹。通常呈柱状、放射状（或晶簇）、粒状集合体。

【物理性质】铅灰色，常见暗蓝色锖色。条痕呈铅灰色（以两块条痕板用力摩擦，粉末变得更细时条痕呈褐色）。金属光泽，不透明。具 {010} 完全解理、{100} 和 {110} 不完全解理，硬度为 2，性脆，常见贝壳状断口。相对密度为 4.63。

【成因产状】主要形成于热液环境条件：在中温热液矿床中辉锑矿与方铅矿、闪锌矿、毒砂等矿物共生；在低温热液矿床中辉锑矿常与辰砂、石英、萤石、重晶石、雄黄、雌黄等矿物共生；也可形成于温泉的沉积物或火山的升华物中。在外生氧化条件下，易于分解形成各种锑的氧化物如锑华、方锑矿、黄锑华等矿物。

中国是世界上最主要的产锑国，我国湖南冷水江—新化锡矿山的大型辉锑矿床闻名于世。此外贵州、广西、广东、云南等省都有辉锑矿床分布。

【鉴定特征】铅灰色、柱状晶形、解理面上具横纹为其主要鉴定特征。另外，在其条痕上滴 1 滴浓 KOH 溶液，铅灰色条痕立刻变黄，随后变为褐红色。其反应如下：

$$2Sb_2S_3 + 4KOH \longrightarrow 3KSbS_2（黄色）+ KSbO_2 + 2H_2O$$

与其相似的辉铋矿的颜色稍浅，共生矿物不同且无上述反应。

【主要用途】提取锑的主要矿物原料。锑主要用在冶金工业中做耐磨合金；高硬度锑铅合金作为印刷金属材料；也可制造成锑的化合物用于纺织工业、玻璃生产、橡胶工业。

7.2.6 辉钼矿 (Molybdenite)

【化学组成】化学式为 MoS_2。理论值为含 Mo 59.94%、含 S 40.06%。常有 Re、Se 类质同象混入物。

【晶体结构】有 3R 和 2H 两种多型，类似石墨的两种构型。结构单元层模型如图 7-6(a) 所示。2H 型：空间群 $P6_3/mmc$，属于六方晶系。晶胞参数：$a = 3.160Å$、$c = 12.239Å$；晶胞含 MoS_2 分子式数 $Z = 2$。3R 型：空间群 R3m，属于三方晶系。晶胞参数：$a = 3.160Å$、$c = 18.336Å$；晶胞含 MoS_2 分子式数 $Z = 3$。

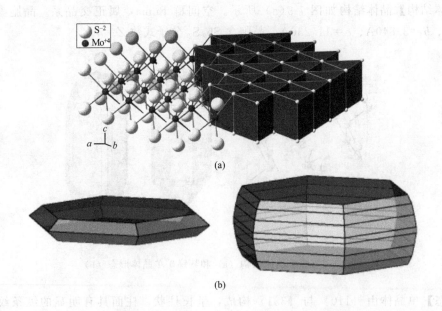

图 7-6 辉钼矿晶体结构单元层 (a) 和辉钼矿晶体形态 (b)

【形态】单晶体平行 {0001} 为六方板状，如图 7-6(b) 所示。通常呈片状、鳞片状或细小粒状集合体。

【物理性质】铅灰色，条痕呈微带绿的灰黑色，用瓷板将条痕研细后呈黄绿色调，在白搪瓷上划的条痕黄绿色更明显。金属光泽，不透明。硬度为 1~1.5，具 {0001} 极完全解理，薄片具挠性。手摸有明显滑感，易污手。相对密度为 4.62～4.73，具弱导电性。

【成因产状】辉钼矿分布比较广泛，其成因主要与热液作用有关。在高、中温热液锡石、黑钨矿石英脉矿床中，辉钼矿常与黑钨矿、锡石、辉铋矿等矿物共生；在云英岩化花岗岩中，辉钼矿与绿柱石、黑钨矿、石英、白云母等矿物共生；在斑岩钼矿中，辉钼矿呈网脉状、浸染状，与方解石、石英、黄铁矿等矿物共生；在接触交代的矽卡岩中，辉钼矿与石榴子石、透辉石、白钨矿、黄铁矿等矿物共生。此外，在表生还原环境下可形成非晶质胶体辉钼矿，呈黑色粉末状，与辰砂、蓝钼矿共生。在外生氧化条件下，辉钼矿易变为黄色粉末状的钼华或呈辉钼矿假象的钼钙矿。

世界著名产地有美国科罗拉多州的克莱马克斯、尤拉德-亨德森和澳大利亚新南威尔士州、加拿大魁北克和安大略省等地。我国也是世界上的产钼大国之一，主要分布于辽宁、河南、山西、陕西等地，总储量已跃居世界前列。

【鉴定特征】铅灰色、金属光泽、低硬度、片状晶形和解理等为其主要鉴定特征。呈细鳞片状分散于岩石中时与石墨相似，可据辉钼矿研细的条痕呈黄绿色来区别。辉钼矿粉末与硫酸铵共熔后形成蓝色的钼蓝 $MoO_2 \cdot MoO_3$，进一步灼烧钼蓝即氧化为黄色的氧化钼 MoO_3。

【主要用途】硫化钼作为一种典型的二维材料，可通过硫化钼对应力的敏感特性对其进行剥离成少层甚至单层结构；在应用方面，类似于石墨，硫化钼同样可作为润滑剂；在催化领域，硫化钼在石油化学过程中可用于脱硫剂；同时，在有机合成过程中，硫化钼可作为氢生成催化剂；硫化钼可作为电解水制氢催化剂材料；硫化钼在微电子、光电、光压探测方面均有广泛的应用前景。辉钼矿是重要的提炼钼矿石原料，也是提取铼的主要矿石材料。钼常用于制作钼钢和其他多种合金材料，并用于化工、染料工业。

7.2.7 雄黄（Realgar）

【化学组成】化学式为 As_4S_4。理论值为含 As 70.03%、含 S 29.97%。成分比较固定，杂质含量少。

【晶体结构】晶体结构如图 7-7(a) 所示。空间群 $P2_1/n$，属单斜晶系。晶胞参数 $a = 9.325Å$、$b = 13.571Å$、$c = 6.587Å$、$\beta = 106°26'$，晶胞含 As_4S_4 分子式数 $Z = 4$。

【形态】常依 {110} 和 {10$\bar{1}$} 形成单晶体，单晶体呈短柱状，见图 7-7(b)；一般呈致密块状、土状或皮壳状集合体。依 {100} 呈接触双晶。

【物理性质】橘红色，条痕呈淡橘红色。晶面呈金刚光泽，断口呈树脂光泽或油脂光泽，透明或半透明。具 {010} 完全解理，硬度为 1.5～2.0。相对密度为 3.56，不导电。受日光作用易分解而转变为淡橘红色粉末。

【成因产状】雄黄为典型的低温热液标型矿物。主要形成于低温热液环境，也可以出现于沉积物和硫质喷气沉积物中，外生条件下可出现于煤层，是有机物分解所产生的硫化氢与含砷溶液反应的产物。低温热液中雄黄与雌黄、辉锑矿、黄铁矿、石英等矿物共生；温泉沉积物中雄黄与雌黄、辉锑矿等矿物伴生。在空气或阳光下雄黄会变为橙黄色粉末。

雄黄主要产于美国、中国湖南和云南。

【鉴定特征】橘红色、淡橘红色条痕，硬度低为其主要鉴定特征。与辰砂的区别在于条

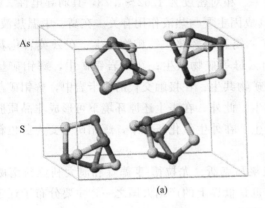

(a)　　　　　　　　　　　　　　(b)

图 7-7　雄黄晶体结构（a）和雄黄晶体形态（b）

痕色和相对密度等。

【主要用途】雄黄为中药材之一，亦可作为提取砷的主要矿石原料。砷主要用于杀虫剂、制革药剂和木材防腐剂，制造乳白色玻璃和消除玻璃中浅绿色色素的氧化剂，也可与其他金属形成合金，用于制造汽车、雷达部件；铅砷合金可做子弹头；砷化镓可做半导体材料。

7.2.8　雌黄（Orpiment）

【化学组成】化学式为 As_2S_3。理论值为含 As 60.91%、含 S 39.09%。类质同象混入物 Sb 可达 3%。此外还可存在微量 Hg、Ge、Se、TI、V 等元素。

【晶体结构】晶体结构见图 7-11。晶体结构为层状，砷与 3 个硫成键，配位多面体呈矮三方单锥状。空间群 $P2_1/n$，属单斜晶系。晶胞参数 $a = 11.475\text{Å}$、$b = 9.577\text{Å}$、$c = 4.256\text{Å}$、$\beta = 90°27'$，晶胞含 As_2S_3 分子式数 $Z = 4$。

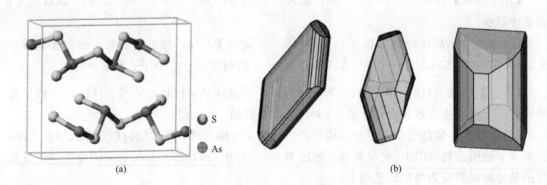

(a)　　　　　　　　　　　　　　(b)

图 7-8　雌黄晶体结构（a）和雌黄晶体形态（b）

【形态】常依 {010} 形成板状单晶，依 {210} 或与 {010}、{301} 等精密组合形成短柱状晶体，单晶体呈板状或短柱状，如图 7-8(b) 所示；常呈片状、梳状或土状集合体。

【物理性质】柠檬黄色，条痕呈鲜黄色。晶面呈金刚光泽，断口呈树脂光泽，解理面上呈珍珠光泽，半透明。硬度为 1.5～2.0，具 {010} 极完全解理、{100} 不完全解理，薄片具挠性。相对密度为 3.49。

【成因产状】雌黄也是典型的低温热液标型矿物，常与雄黄、辰砂、辉锑矿、白铁矿、石英等矿物共生；也可产于火山升华物中，与自然硫、氯化物等矿物共生；外生成因者见于煤层，是有机物分解所产生的硫化氢与含砷溶液反应的产物。

【鉴定特征】以柠檬黄色、条痕鲜黄色、一组完全解理为主要鉴定特征，并以解理和相对密度等差异与自然硫相区别。

【主要用途】同雄黄。

7.2.9　磁黄铁矿（Pyrrhotite）

【化学组成】化学式为 $Fe_{1-x}S$。按 Fe 与 S 离子数 1∶1 计算，理论值为含 Fe 63.53%、含 S 36.47%。但是晶体结构中一部分 Fe^{2+} 氧化成 Fe^{3+}，只有减少阳离子数目才能保持晶格的电荷平衡，即为缺席构造，导致 Fe 经常不足，故化学式写为 $Fe_{1-x}S$。式中，$x = 0 \sim 0.17$。类质同象混入物主要有 Ni、Co、Cu、Pb、Ag 等。

【晶体结构】属六方或单斜晶系。磁黄铁矿的六方结构如图 7-9(a) 所示。六方晶系：空间群 $P6_3/mmc$，晶胞参数 $a = 3.431$Å，$c = 5.692$Å，晶胞含分子式数 $Z = 2$。单斜晶系：空间群 C2/c，晶胞参数 $a = 11.904$Å、$b = 6.806$Å、$c = 12.850$Å、$\beta = 118°$，晶胞含分子式数 $Z = 32$。

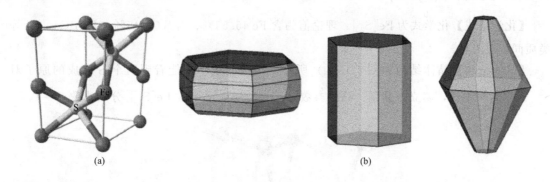

(a) (b)

图 7-9　磁黄铁矿晶体结构（a）和磁黄铁矿的晶体形态（b）

【形态】单晶体呈平行 {0001} 的板状，少数呈柱状或双锥状，见图 7-9(b)；通常呈致密块状或粒状集合体。

【物理性质】暗铜黄色，常具褐色锖色，条痕呈黑色。金属光泽，不透明。具 $\{10\bar{1}0\}$ 不完全解理，(0001) 裂理发育，硬度为 3.5～4。相对密度为 4.58～4.65，随化学式中 x 值减小而增大。具导电性，磁性随 x 值的增加而增强，多数磁黄铁矿的细屑能被磁铁永久吸引。

【成因产状】磁黄铁矿可形成于各种内生地质作用。产于基性岩体内的铜镍硫化物岩浆矿床的磁黄铁矿，与镍黄铁矿、黄铜矿共生；产于接触交代矽卡岩矿床的磁黄铁矿，与黄铜矿、黄铁矿、磁铁矿、铁闪锌矿、毒砂等矿物共生；出现在高温热液矿床的磁黄铁矿，常与锡石、方铅矿、闪锌矿、黄铜矿、辉钼矿等矿物共生。在氧化带中磁黄铁矿可转化为褐铁矿等铁的氧化物类矿物。

　　磁黄铁矿主要产于加拿大安大略，美国田纳西州，墨西哥，以及巴西、俄罗斯、德国、瑞典、芬兰、挪威等地。在我国台湾木瓜溪下游的铜门—铜文兰铜矿等地亦盛产磁黄铁矿。

　　【鉴定特征】磁黄铁矿以暗铜黄色、较明显磁性、较小硬度等为主要鉴定特征。与斑铜矿颜色略相似，可以硬度、锈色区别之，且磁黄铁矿无铜的焰色反应。

　　【主要用途】用于制作硫酸的原料，但其经济价值远不如黄铁矿矿石大。含镍、铜较高时可作为矿石综合利用。

7.3　对硫化物矿物

　　自然界常见的对硫化物矿物主要有黄铁矿—白铁矿族和辉砷钴矿—毒砂族。其中，黄铁矿—白铁矿族矿物化合物属 AX_2 型，其中最常见的是 $Fe[S_2]$。$Fe[S_2]$ 有两个同质多象变体，立方晶系的黄铁矿和正交晶系的白铁矿。辉砷钴矿—毒砂族矿物的阴离子主要是 $[AsS]^{2-}$ 及类似的双阴离子。按结构类型可分为辉砷钴矿和毒砂两个亚族，前者结构近似于黄铁矿，后者近似于白铁矿。其中自然界最常见的辉砷钴矿—毒砂族矿物是毒砂。本章节将对黄铁矿、白铁矿、毒砂三种矿物进行介绍。

7.3.1　黄铁矿（Pyrite）

　　【化学组成】化学式为 $Fe[S_2]$。理论值为含 Fe 46.55%、含 S 53.45%。常有 Co、Ni 等类质同象混入物。

　　【晶体结构】晶体结构如图 7-10(a) 所示，在胞的正中间能看到两个 S 组成的原子对 S_2^{2-}。空间群 $Pa\bar{3}$，属立方晶系。晶胞参数 $a=5.417Å$，晶胞含 $Fe[S_2]$ 分子式数 $Z=4$。

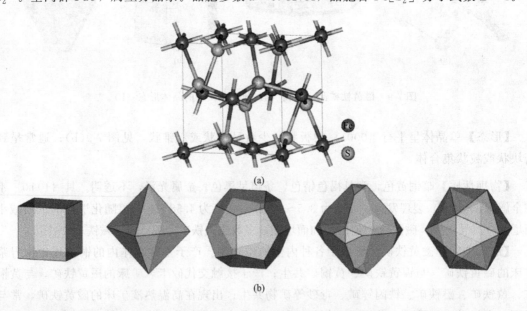

(a)

(b)

图 7-10　黄铁矿晶体结构（a）和黄铁矿晶体形态（b）

【形态】黄铁矿可依 {100} 形成立方体单晶，立方体晶面上经常出现聚形纹，相邻晶面上的聚形纹互相垂直。可依 {111} 形成八面体单晶，八面体单晶较少见。还可依 {210} 形成五角十二面体单晶，或依 {210} 与 {111} 结合而成单晶体构型。黄铁矿单晶体形态如图 7-10(b) 所示。单晶体为粒状，通常呈致密块状、粒状集合体。此外，沉积岩中常见结核状黄铁矿。

【物理性质】浅黄铜色，有时表面见褐色的锈色。条痕呈黑色至绿黑色。金属光泽，不透明。无解理，参差状断口。硬度为 $6 \sim 6.5$，性脆。相对密度为 $4.95 \sim 5.10$。具弱导电性。

【成因产状】黄铁矿是地壳上分布最广的硫化物矿物，可形成于多种地质环境。在岩浆型的铜镍硫化物矿床中，黄铁矿常与磁黄铁矿、黄铜矿、镍黄铁矿等矿物共生；在接触交代型的矽卡岩矿床中，黄铁矿常与磁黄铁矿、黄铜矿、方铅矿、闪锌矿等矿物共生；在高温热液矿床中，黄铁矿与辉铋矿、辉钼矿、毒砂、磁黄铁矿、黄铜矿等矿物共生；在中温热液矿床中，黄铁矿与方铅矿、闪锌矿、黄铜矿等矿物共生。

沉积成因的黄铁矿常以结核状、条带状产出于煤系地层。在氧化环境下黄铁矿可形成黄钾铁矾和褐铁矿等，且褐铁矿常呈黄铁矿的假象。

世界著名产地有西班牙、捷克、斯洛伐克、美国和中国。我国黄铁矿的探明资源储量居世界前列，著名产地有广东英德和云浮、安徽马鞍山、甘肃白银等。

【鉴定特征】根据其特有的晶形、晶面条纹、颜色和很高的硬度容易识别。无晶形时易误认为黄铜矿，但后者硬度小于小刀，有铜的焰色反应。毒砂表面有黄色锈色时易误为黄铁矿，但二者新鲜面颜色不同。$Fe[S_2]$ 同质多象变体白铁矿与黄铁矿晶形不同，在无明显晶形可资鉴别时如不用显微镜鉴别光性则难以区别。

【主要用途】主要为制造硫酸的矿石原料。硫酸常用于化工、橡胶、造纸、农药、化肥、染料等行业。当黄铁矿含有 Au、Co、Ni、Ag 时可供综合利用。

7.3.2　白铁矿 (Marcasite)

【化学组成】化学式为 $Fe[S_2]$。成分与黄铁矿同，常含微量 As、Sb、Tl、Bi、Co 等混入物。

【晶体结构】晶体结构如图 7-11(a) 所示。空间群 Pnnm，属正交晶系。晶胞参数 $a = 4.436\text{Å}$、$b = 5.414\text{Å}$、$c = 3.381\text{Å}$，晶胞含 $Fe[S_2]$ 分子式数 $Z = 2$。

【形态】单晶体多呈短柱状，偶见矛头状重复双晶和接触双晶，如图 7-11(b) 所示；通常呈结核状、壳状集合体。

【物理性质】淡黄铜色（较黄铜矿色浅），稍带浅灰或浅绿色调，条痕呈暗灰色。金属光泽，不透明。具 {101} 不完全解理，硬度为 $6 \sim 6.5$，性脆。相对密度为 4.89。

白铁矿和黄铁矿不同之处在于：白铁矿具有鸡冠状的晶形，白铁矿颜色比较淡白，显微镜下观察白铁矿的光性呈非均质性。

【成因产状】分布远比黄铁矿少见。在低温热液矿床中白铁矿可呈胶体状与黄铁矿、黄铜矿、闪锌矿、方铅矿、雌黄、雄黄等矿物共生；外生成因白铁矿常以结核状形成于泥质、砂泥质地层和煤系地层。在氧化环境下白铁矿可形成黄钾铁矾和褐铁矿等外生铁矿物。

白铁矿世界范围分布广泛：在美国俄克拉荷马州、密苏里州、威斯康星州和伊利诺伊州各州，大量的白铁矿产于铅锌矿床之内；在德国的萨克森州等地，产在黏土岩之内；在英国福克斯顿等地亦有产出。

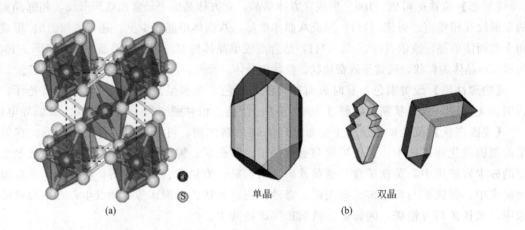

图 7-11　白铁矿晶体结构（a）和白铁矿晶体形态（b）

【鉴定特征】可以晶形与黄铁矿相区别，在无晶形发育时二者不易区分。其准确鉴定往往需用反光显微镜和 X 射线粉晶法。

【主要用途】同黄铁矿。

7.3.3　毒砂（Arsenopyrite）

【化学组成】化学式为 Fe［AsS］。理论值为含 Fe 34.30%、含 As 46.01%、含 S 19.69%。常含 Co 类质同象混入物，其含量达 3% 以上者称钴毒砂。

【晶体结构】晶体结构如图 7-12（a）、图 7-12（b）所示，属三斜 ［图 7-12（a）］或单斜 ［图 7-12（b）］晶系。单斜晶系：空间群 $P2_1/c$，晶胞参数 $a = 5.744Å$、$b = 5.675Å$、$c =$

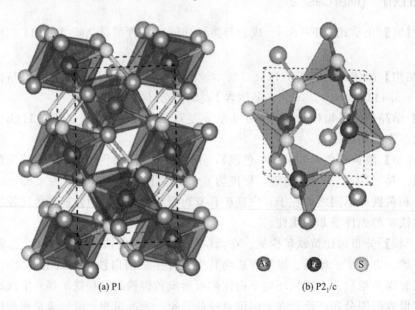

(a) P1　　　　　　　　　　　　(b) $P2_1/c$

图 7-12　毒砂晶体结构

5.785Å、$\beta=112°18'$，晶胞含 Fe[AsS] 分子式数 $Z=4$。三斜晶系：空间群 P1，晶胞参数 $a=9.530$Å、$b=5.662$Å、$c=6.433$Å、$\beta=90°$，晶胞含 Fe[AsS] 分子式数 $Z=8$。

【形态】依 {011} 和 {110} 发育成柱状单晶体，且柱面上有晶面条纹，或依 {110} 和 {012}／{021} 发育成双锥状。也可依 {110} 或 {201} 形成穿插双晶。毒砂晶体形态如图 7-13 所示。集合体往往为粒状或致密块状。

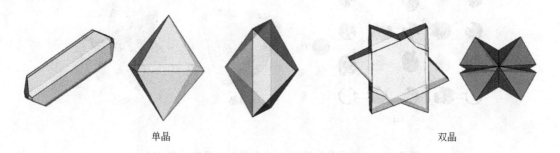

单晶　　　　　　　　　　　　　　双晶

图 7-13　毒砂的晶体形态

【物理性质】银白至钢灰色，常具浅黄色锖色，条痕呈灰黑色。金属光泽，不透明。具 {110} 完全解理、{101} 和 {010} 不完全解理，硬度为 5.5～6，性脆。相对密度为 5.9～6.2。具导电性，灼烧后具磁性，锤击后具蒜臭味。

【成因产状】毒砂主要为热液成因。高温热液中形成的毒砂常与辉铋矿、黄铁矿等矿物共生；中温热液矿床中毒砂与黄铜矿、方铅矿、闪锌矿等矿物共生；在接触交代矿床中毒砂常与磁黄铁矿、磁铁矿、黄铜矿等共生。在氧化条件下毒砂可分解为浅黄或浅绿色的臭葱石。

世界著名产地有德国的弗赖贝尔格、英国的康沃尔、加拿大的科博尔等地。在中国，毒砂常产于金矿、钨锡矿、交代矿床等热液金属矿床中，与自然金、黄铁矿、黑钨矿、锡石等共生。我国主要分布于甘肃、山西、湖南、江西、云南等地。

【鉴定特征】柱状晶形、锡白色、较高硬度以及锤击之具蒜臭味是其重要鉴定特征。

【主要用途】提取砷的主要矿石原料。各种砷化物可用在农业、制革、木材防腐、玻璃、冶金、医药、颜料等行业。当富含 Co 时可综合回收。

7.4　硫盐矿物

含硫盐是半金属元素 As、Sb、Bi（主要是 As、Sb）和 S 结合成的络阴离子与 Cu、Ag、Pb 等金属阳离子组成的盐类。其阴离子除$[SbS_3]^{3-}$、$[AsS_3]^{3-}$、$[SbS_4]^{3-}$、$[AsS_4]^{3-}$等外，还有附加阴离子 S^{2-}。硫盐矿物的成分和结构复杂，矿物种类较多，但在自然界的分布量相对较少，其中最为常见的是黝铜矿。

【化学组成】化学式为 $Cu_{12}Sb_4S_{13}$。理论值为含 Cu 45.77%、含 Sb 29.22%、含 S 25.01%。在阴离子团中，As 与 Sb 呈完全类质同象关系，当以 As 为主时称砷黝铜矿（$Cu_{12}As_4S_{13}$）。此外，类质同象混入物还有 Ag、Zn、Fe、Hg（代替 Cu）和 Bi（代替 Sb、As）。

【晶体结构】晶体结构如图 7-14(a) 所示。空间群 $I\bar{4}3m$，属立方晶系。晶胞参数 $a=$ 10.392Å，晶胞含 $Cu_{12}Sb_4S_{13}$ 分子式数 $Z=2$。

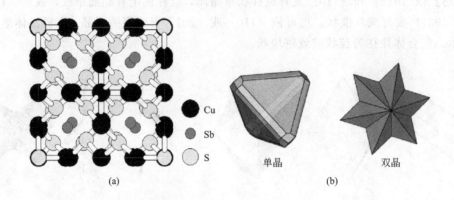

图 7-14　黝铜矿晶体结构（a）和黝铜矿晶体形态（b）

【形态】晶体形态如图 7-14(b) 所示，常依 $\{111\}$ 形成四面体单晶，较常见，亦可见依 $\{111\}$ 成贯穿双晶。通常呈致密块状或粒状集合体。

【物理性质】钢灰至铁黑色，条痕与颜色相同，金属至半金属光泽，不透明。光学各向同性，折射率 $n>2.72$。无解理，断口常不光滑，呈贝壳状。硬度为 3.5~4，性脆。相对密度为 4.97，含 As 者较轻。具弱导电性。

【成因产状】典型的热液矿床中常见矿物，亦出现于接触交代型的矽卡岩矿床。在高温钨锡热液矿床中，黝铜矿与毒砂、黑钨矿、闪锌矿、磁黄铁矿等矿物共生；在中温铅锌热液矿床中，黝铜矿与黄铜矿、方铅矿、闪锌矿等矿物共生；在矽卡岩铜铁矿床中，黝铜矿与黄铜矿、黄铁矿、斑铜矿等矿物共生。

在风化条件下，黝铜矿易分解形成赤铜矿、孔雀石、铜蓝、蓝铜矿等外生含铜矿物。

【鉴定特征】颜色和条痕为钢灰色（比许多铅灰色的硫化物颜色要暗一些）、性脆和铜的焰色反应（见黄铜矿描述）为其重要鉴定特征。

【主要用途】可作为提取铜的矿石原料，也可综合利用其中的 As。

思　考　题

1. 组成硫化物矿物的元素在周期表中有什么规律？请说明这些元素与 S 结合时化学键的特点。

2. 单硫化物、对硫化物、硫盐在阴离子组成上有什么差异？这些差异对矿物的物理性质有什么影响？

3. 为什么铁的硫化物矿物常具有强金属光泽？

4. 说明雄黄和雌黄的分子式、晶体结构？并简述如何区分二者。

5. 铜的硫化物矿物主要有哪些种？它们各自的主要鉴定特征是什么？

6. 指出硫化物矿物的主要用途。

第8章

氧化物和氢氧化物矿物

8.1 概述

该大类矿物包括约 40 种金属和某些非金属元素（表 8-1）的阳离子与 O^{2-} 或 $(OH)^-$ 结合而成的化合物矿物。目前已发现的该大类矿物达 300 余种。其中，氧化物为 200 余种。

按所占地壳总质量的比率计算，该大类矿物约占 17%，仅次于含氧盐大类而在各大类矿物中居第二位。

表 8-1 形成氧化物和氢氧化物矿物的主要元素

I A												III A	IV A	V A	VI A	VII A	VIII A
H	II A																
	Be												C		O	F	
Na	Mg	III B	IV B	V B	VI B	VII B		VIII B		I B	II B	Al	Si			Cl	
K	Ca		Ti	V	Cr	Mn	Fe	Ni	Cu	Zn				As	Se		
		Y	Zr	Nb	Mo				Ag	Cd			Sn	Sb	Te		
	Ba	La*		Ta	W			Hg		Tl	Pb	Bi					
		Ac*															

注：La*：镧系元素 La 和 Ce；Ac*：锕系元素 Th 和 U。

在该大类中，以石英分布最广，约占地壳总质量的 12.6%；铁的氧化物和氢氧化物约占地壳总质量的 3.9%；其余主要为 Al、Mn、Ti、Cr 等的氧化物和氢氧化物。

该大类中的某些矿物，如石英等是常见的造岩矿物，许多矿物为重要的矿石矿物。有些矿石矿物从中可以提取有用金属元素，如从中提取 Fe 的赤铁矿和磁铁矿，提取 Mn 的软锰矿，提取 Ti 的金红石和钛铁矿，提取 Sn 的锡石等；有些矿石矿物则直接利用其某种或某些物理性质及工艺性质，如因具压电性而用于无线电工业的石英，因具高硬度而用于仪表轴承和研磨材料的刚玉，因具有绚丽的颜色、柔和的光泽等工艺特性而作为宝石或玉石的刚玉、尖晶石、水晶、玛瑙等。

8.1.1 化学成分

该大类矿物的阴离子为 O^{2-} 和 $(OH)^-$。阳离子主要是惰性气体型离子（如 Si、Al、Mg 等）、过渡型离子（Fe、Mn、Ti、V、Cr、Nb、Ta、U 等近惰性气体型的过渡型离子），还有少量 Cu 型离子（如 Cu、Pb、Sb、Bi、Sn）。此外，某些氧化物矿物中还含 F^-、Cl^- 等附加阴离子和 H_2O。

在氧化物矿物中，由于阳离子类质同象现象的存在，尤其是复阳离子的氧化物矿物类质同象替代更为普遍，使得矿物的化学成分变化较大。如易解石 $(Ce,Th)(Ti,Nb)_2O_6$，其中的主要阳离子为 Ce^{3+}、Th^{4+}、Ti^{4+}、Nb^{5+}，并以 $Ce^{3+}+Nb^{5+} \Longleftrightarrow Th^{4+}+Ti^{4+}$ 的替代最为普遍。但具有强共价键（如石英）或分子键（如方锑矿 Sb_2O_3、砷华 As_2O_3）的氧化物矿物的类质同象替代有限。

氢氧化物矿物的类质同象现象不普遍，但因其具较强的吸附性可使化学成分复杂化。

8.1.2 晶体化学特征

O^{2-} 和 $(OH)^-$ 具有几乎相同的离子半径，由于它们较阳离子的半径大，所以晶体结构基本决定于阴离子。O^{2-} 和 $(OH)^-$ 一般呈立方或六方最紧密堆积或近似最紧密堆积，而阳离子则充填于四面体空隙或八面体空隙中，阳离子的配位数以 4 和 6 为主。但由于阳离子类型不同和晶体结构的复杂化，都会导致配位数不同。如赤铜矿 Cu_2O 中 Cu^+ 的配位数为 2，钙钛矿 $CaTiO_3$ 中 Ca^{2+} 的配位数为 12，Ti^{4+} 的配位数为 6。再如石英，由于其阳离子 Si^{4+} 电价高而半径小，阳离子间的斥力很大，导致质点不作紧密堆积，并因而具有较大空隙的架状结构。

氧化物矿物的化学键取决于阳离子价态和离子类型。总的情况是——低电价的惰性气体型离子构成的氧化物以离子键为主，如方镁石 MgO；随着阳离子价态的增高，离子键向共价键过渡的性质增强，如刚玉 Al_2O_3 已有较多的共价键特点，而石英 SiO_2 的共价键性质已达 50%。随着阳离子的类型由惰性气体型离子、过渡型离子向铜型离子改变，共价键性趋向增强、阳离子配位数趋于减小，例如上述赤铜矿 Cu_2O 便是如此。另外，半金属元素的氧化物，如方锑矿 Sb_2O_3 和砷华 As_2O_3，分子内部为共价键，而分子间则为分子键。

氢氧化物中除离子键外常存在氢键，并且 $(OH)^-$ 电价较 O^{2-} 低，导致阳离子与阴离子间的键力减弱。另外，某些氢氧化物存在着多键型，如具层状结构的水镁石 $Mg(OH)_2$ 层内为离子键，层间为分子键。

氧化物矿物的对称程度较高，多属中、高级晶族。在氢氧化物矿物中，除水镁矿 $Mg(OH)_2$ 为三方晶系外，其他矿物均为低级晶族。

8.1.3 物理性质

8.1.3.1 光学性质

氧化物和氢氧化物大类矿物的光学性质主要取决于阳离子类型。具惰性气体型阳离子的矿物（主要是 Mg、Al、Si），通常呈无色至浅色，半透明至透明，以玻璃光泽为主。具过渡型阳离子（主要是 Fe、Mn、Cr）和 Cu 型阳离子的矿物，其颜色一般为深彩色或金属色，半透明或不透明，半金属光泽居多，少数呈金刚光泽或金属光泽。

8.1.3.2　力学性质

氧化物矿物的硬度一般较高，大多高于 5.5，其中方镁石、石英、尖晶石、刚玉的硬度依次为 6、7、8、9。氢氧化物矿物由于存在较弱的氢键，其硬度比相应的氧化物矿物明显降低。例如方镁石 MgO 的硬度为 6，而水镁石 $Mg(OH)_2$ 的硬度仅为 2.5。

不同氧化物矿物的相对密度差异较大，主要取决于阳离子的原子量和晶体结构的紧密程度。其中，钨、锡、铀等重金属氧化物的相对密度大，一般大于 6.5；而 α-石英的相对密度仅为 2.65。氢氧化物矿物由于晶体结构的紧密程度比氧化物差且缺乏重金属元素，故相对密度较小。以相同阳离子的氧化物和氢氧化物矿物为例，方镁石的相对密度为 3.56，而水镁石的相对密度仅为 2.35；刚玉 Al_2O_3 的相对密度为 4，硬水铝石 α-AlO(OH)（链状结构）的相对密度为 3.3～3.5，软水铝石 γ-AlO(OH)（层状结构）的相对密度为 3.01～3.06，三水铝石 $Al(OH)_3$ 的相对密度为 2.30～2.43。

氧化物矿物的解理与晶体结构类型有关，解理一般发育较差，少数具中等解理（如金红石）或完全解理（如软锰矿）。氢氧化物矿物则往往发育一组完全或极完全解理。

8.1.3.3　其他物理性质

含 Fe 的氧化物矿物一般都有不同程度的磁性。如磁铁矿 Fe_3O_4 具强磁性，铬铁矿 $FeCr_2O_4$、钛铁矿 $FeTiO_3$ 具弱磁性。含放射性元素的氧化物矿物具有放射性，如晶质铀矿。

8.1.4　成因

氧化物矿物广泛形成于内生作用、外生作用和变质作用。有些矿物是多成因的，如石英在内生作用、外生作用（沉积作用）和变质作用中均可形成；而有些矿物具有单一成因，如铬铁矿、钛铁矿只产于超基性和基性岩浆岩中，而赤铜矿、锑华则是硫化物在氧化带的次生矿物。对于含变价元素的氧化物矿物而言，阳离子为低价态（如 Fe^{2+}、Cr^{3+}、Mn^{2+} 等）的氧化物多由内生作用形成；而阳离子为高价态（如 Mn^{4+}、Fe^{3+}、Sb^{5+} 等）的氧化物和含 H_2O 氧化物则多由外生作用形成。

氢氧化物矿物多是在风化作用和沉积作用中由胶体溶液凝聚而成，尤以铁、锰、铝的氢氧化物居多；有些氢氧化物矿物由低温热液作用形成，如水镁石和部分三水铝石等。

8.1.5　分类

氧化物和氢氧化物矿物大类按阴离子种类分为氧化物类、氢氧化物和含水氧化物类。其中，氧化物类再按阳离子的种类进一步分为简单氧化物亚类和复杂氧化物亚类。

8.2　简单氧化物矿物

简单氧化物矿物是指由一种阳离子与氧结合形成的氧化物矿物。根据阳离子的价态，其

化合物包括 A_2X（如赤铜矿族矿物赤铜矿 Cu_2O）、A_2X_3（如刚玉族矿物刚玉 Al_2O_3）、AX_2（如金红石族矿物金红石 TiO_2、石英族矿物石英 SiO_2）等类型。

赤铜矿族矿物在自然界产出较少，以赤铜矿较为常见。金红石族矿物主要包括金红石、锐钛矿、板钛矿、锡石和软锰矿。其中，金红石、锐钛矿和板钛矿是 TiO_2 的同质多象变体。金红石、锡石和软锰矿均属金红石型结构。这里仅介绍金红石。

刚玉族矿物主要有刚玉、赤铁矿。二者的晶体结构属刚玉型结构，均为三方晶系。但由于阳离子类型和化学键性质的不同，二者的物理性质具有很大差异。刚玉 Al_2O_3 的同质多象主要有三种变体，分别为 $\alpha\text{-}Al_2O_3$、$\beta\text{-}Al_2O_3$、$\gamma\text{-}Al_2O_3$。$\alpha\text{-}Al_2O_3$ 是常温下最稳定的变体。Fe_2O_3 有 $\alpha\text{-}Fe_2O_3$ 和 $\gamma\text{-}Fe_2O_3$ 两种同质多象变体。前者属三方晶系，具刚玉型结构，在自然界稳定，称赤铁矿；后者属立方晶系，具尖晶石型结构，在自然界处于亚稳定状态，称磁赤铁矿。这里仅介绍 $\alpha\text{-}Al_2O_3$。

石英属石英族矿物，该族矿物亦属 AX_2 型化合物，包括 SiO_2 的多种同质多象变体，主要是 α-石英、β-石英、α-鳞石英、β-鳞石英、γ-鳞石英、α-方石英、β-方石英、柯石英、斯石英等。其中，α 表示低温变体，β、γ 表示高温变体。在自然界中，α-石英分布最广泛，蛋白石（一种 SiO_2 的胶体矿物，其实也是准矿物）次之。此外在酸性火山岩中常见具有 β-石英副象的 α-石英。通常所说的石英多指 α-石英。本小节仅介绍 α-石英，简称石英。

8.2.1 赤铜矿（Cuprite）

【化学组成】化学式为 Cu_2O。理论值为含 Cu 88.8%、含 O 11.2%。常含 Fe_2O_3、SiO_2、Al_2O_3 和自然铜等混入物。

【晶体结构】晶体结构如图 8-1（a）所示。空间群 $Pn\bar{3}m$，属立方晶系。晶胞参数 $a = 4.270\text{Å}$，晶胞含 Cu_2O 分子式数 $Z=2$。在其晶体结构中，O^{2-} 位于单位晶胞的角顶和中心，Cu^+ 则位于单晶胞分成的 8 个小立方体相间分布的相互错开的 4 个小立方体中心。Cu^+ 和 O^{2-} 的配位数分别为 2 和 4。虽然氧离子分布于晶胞的角顶和中心，但不是体心格子而是原始格子。

【形态】单晶体为等轴粒状，常依 {111} 呈八面体单形，或依 {110} 形成菱形十二面体，亦见八面体与立方体组成的聚形、八面体或立方体与菱形十二面体组成的聚形［图 8-1（b）］。常见致密块状或土状集合体，亦见针状或毛发状集合体。呈毛发状集合体者又称毛赤铜矿。

【物理性质】暗红色，条痕呈褐红色。金刚光泽至半金属光泽，微透明。具 {111} 不完全解理，断口呈贝壳状或不平坦状。硬度为 3.5～4，具脆性。相对密度为 5.85～6.15，折射率 2.849。

【成因产状】赤铜矿形成于外生条件，主要见于铜矿床的氧化带，为含铜硫化物氧化的次生产物，常与自然铜、黑铜矿、孔雀石、蓝铜矿、褐铁矿等共生或伴生。

中国是世界上赤铜矿较多的国家之一。总保有储量铜 6243 万吨，居世界第 7 位。探明储量中富铜矿占 35%。铜矿分布广泛，除天津和香港外，包括上海、重庆、台湾在内的全国各省（市、区）皆有产出。已探明储量的矿区有 910 处。江西铜储量位居全国榜首，占 20.8%，西藏次之，占 15%。再次为云南、甘肃、安徽、内蒙古、山西、湖北等地，各地

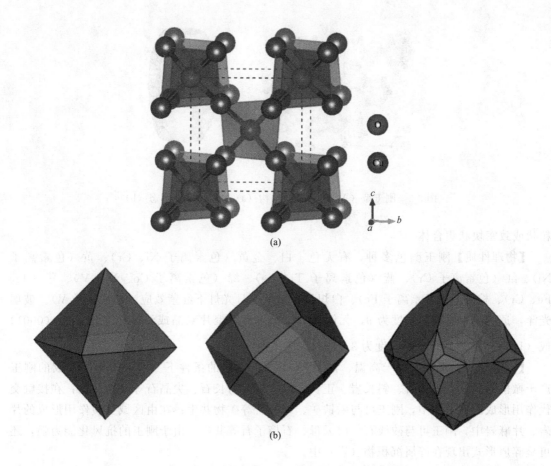

图 8-1　赤铜矿晶体结构（a）和赤铜矿的晶体形态（b）

铜储量均在 300 万吨以上。

　　法国、智利、玻利维亚、澳大利亚南部地区、美国等地有世界主要矿区。

　　【鉴定特征】以暗红色、条痕褐红色、金刚光泽至半金属光泽及矿物的共生或伴生组合为主要鉴定特征。另外，可借助以下微化学分析法进行识别——条痕上加一滴 HCl 可形成白色 $CuCl_2$ 沉淀；赤铜矿溶于 HCl 后溶液呈褐色；溶于 HNO_3 后溶液呈绿色，加 $NH_4 \cdot OH$（氨水）变蓝色；具 Cu 的焰色反应。

　　【主要用途】大量产出时作为铜矿石中矿石矿物，用于提取铜的矿物原料。

8.2.2　刚玉（Corundum）

　　【化学组成】化学式为 Al_2O_3。理论值为含 Al 53.2%、含 O 46.8%。有时含有微量 Fe、Ti、Cr、Ni、Co、V、Mn、Si 等，它们以类质同象混入物或机械混入物形式存在。

　　【晶体结构】结构如图 8-2(a) 所示。空间群 $R\bar{3}c$，属三方晶系。晶胞参数 $a=4.762\text{Å}$、$c=12.990\text{Å}$，晶胞含 Al_2O_3 分子式数 $Z=6$。

　　【形态】单晶体呈柱状、桶状（近似腰鼓状），少数呈板状，见图 8-2(b)。高压条件下常依 $\{10\bar{1}1\}$、较少依 $\{0001\}$ 成聚片双晶，以致在晶面上常出现相交的几组双晶纹。常呈

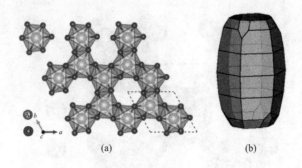

图 8-2   刚玉型（Al_2O_3）晶体结构（a）和刚玉晶体形态（b）

粒状或致密块状集合体。

【物理性质】刚玉颜色多种，有无色、白、金黄（色素离子 Ni、Cr）、黄（色素离子 Ni）、红（色素离子 Cr）、蓝（色素离子 Ti、Fe）、绿（色素离子 Co、Ni、V）、紫（Ti、Fe、Cr）、棕、黑（色素离子 Fe）、白炽灯下蓝紫、日光灯下红紫效应（色素离子 V）。玻璃光泽，透明至半透明。硬度为 9，无解理，性脆，常因聚片双晶或细微包裹体产生（0001）或 (1010) 的裂理。相对密度为 3.98～4.10。

【成因产状】刚玉形成于高温、富 Al_2O_3、贫 SiO_2 的条件下。由岩浆作用形成的刚玉产于橄榄苏长岩、正长岩、斜长岩、正长伟晶岩中，与长石、尖晶石等矿物共生；在接触交代作用形成的矽卡岩中，刚玉可与磁铁矿、绿帘石等矿物共生；在由区域变质作用形成的片岩、片麻岩中，刚玉可与矽线石、白云母、石榴子石等共生。由于刚玉的抗风化能力强，还可呈碎屑形式出现在碎屑沉积物（岩）中。

【鉴定特征】以其晶形、双晶纹、高硬度、不溶于酸为主要鉴定特征。另外，在紫外线照射下含 Cr、Mn 者发红光，含 Ti 者发玫瑰红光，含 V 者发黄光。

【主要用途】氧化铝是一种电绝缘体，但是相对于陶瓷材料而言，其热导率较高；刚玉具有极高的硬度，常用于摩擦材料或者切割器件，同时作为增强材料，在塑料工业中常用于填充剂以提高复合材料的力学强度；在工业领域，氧化铝可作为催化剂促进硫化氢废气转化为单质硫；另外在涂料、复合纤维领域均有广泛应用。利用其高硬度作为高档研磨材料和精密仪器轴承。色泽艳丽、无瑕疵的刚玉为名贵宝石，其中，含 Cr 呈红色者称红宝石；含 Fe、Ti 呈蓝色者称蓝宝石；含 Ni 呈黄色者称黄宝石；含 Ni、Co、V 呈绿色者称绿宝石；含 Fe 呈黑色者称铁刚玉。在有些红宝石和蓝宝石的 {0001} 面上可见因含定向分布的放射针状金红石包裹体而呈现星彩状，称为星彩红宝石或星彩蓝宝石。人工合成的红宝石可做激光材料。

8.2.3   金红石（Rutile）

【化学组成】Rutile 一字；来自拉丁语 Rutilus，指红色（Red），象征着金红石的颜色。金红石化学式为 TiO_2，理论值为含 Ti 60%、含 O 40%。常含 Fe、Nb、Ta、Cr、Sn、V 等类质同象混入物。其中，富含 Fe 者称铁金红石，其成分中 Fe_2O_3 可达 25%～35%。Fe^{2+} 和 Nb^{5+} $（Ta^{5+}）$ 可与 Ti^{4+} 成异价类质同象替代：$Fe^{2+}+2Nb^{5+}（Ta^{5+}）→3Ti^{4+}$，当 Nb 大于 Ta 时，称铌铁金红石；当 Ta 大于 Nb 时，称钽铁金红石。

一般而言，碱性岩中的金红石富含 Nb，基性岩和岩浆成因的碳酸盐岩中的金红石含 V，伟晶岩中和热液成因的金红石含 Sn。

【晶体结构】晶体结构如图 8-3(a) 所示。空间群 $P4_2/mnm$，属四方晶系。晶胞参数 $a=4.722$Å、$c=3.186$Å，晶胞含 TiO_2 分子式数 $Z=2$。

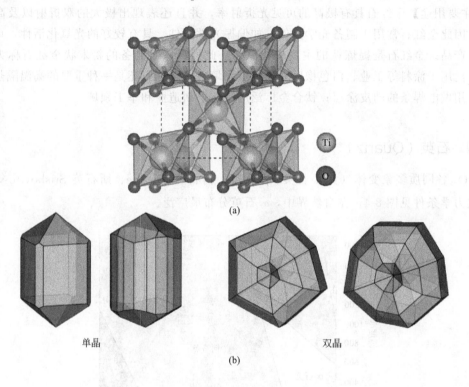

图 8-3　金红石晶体结构 (a) 和金红石的晶体形态 (b)

【形态】单晶体常呈由 {110} 四方柱、{111} 四方双锥和复四方柱组成的柱状聚形及针状或粒状；常见依 {101} 为接合面形成环状双晶，见图 8-3(b)。金红石的晶形与其生成条件有关，在伟晶岩中由于有 Nb、Ta、Fe、Sn 等混入物，常呈双锥状、短柱状；产于石英脉中的金红石，由于结晶速度较快，常呈长柱状、针状。集合体常呈粒状或致密块状。

【物理性质】通常为黄棕至褐红色，条痕呈淡黄色至浅褐色，金刚光泽，断口呈油脂光泽，微透明。具 {110} 中等解理，硬度为 6～6.5，具脆性。相对密度一般为 4.2～4.3。铁金红石和铌铁金红石均为黑色，不透明，前者的相对密度为 4.4，后者的相对密度可达 5.6。含 Cr、Fe 的铬铁金红石呈草绿色。

【成因产状】金红石与铁铁矿、磁铁矿、透辉石、顽火辉石和石榴子石常共生于榴辉岩、片麻岩、云母片岩等变质岩中，也见于伟晶岩、高温热液形成的含金红石石英脉中，并以副矿物形式存在于岩浆岩中。此外，还可见于碎屑岩和砂矿中。

金红石还常见以细微的针状包裹体出现在刚玉和石英的单晶体内，构成"猫眼"或"星光"效应。

中国钛矿分布于 10 多个省区。钛矿主要为钒钛磁铁矿中的钛矿、金红石矿和钛铁矿砂矿等。钒钛磁铁矿中的钛主要产于四川攀枝花地区。金红石矿主要产于河南、湖北、山西等地，其中河南省方城县、湖北省枣阳市的金红石矿床为世界级特大型金红石矿床。钛铁矿砂矿主要产于海南、云南、广东、广西等地。钛铁矿的 TiO_2 保有储量为 3.57 亿吨，居世界首位。

【鉴定特征】以其四方柱比较发育的晶形、双晶、颜色和柱面解理为特征。金红石粉末溶于热 H_3PO_4，冷却加水稀释后加入 H_2O_2 溶液呈黄褐色。金红石与相似矿物锡石和锆石的区别是——锡石具较大的相对密度（6.8～7.0），而锆石具较大的硬度（7.5）。

【主要用途】金红石具有极高的可见光折射率，并且还表现出极大的双折射以及高散射效应；因此金红石常用于制备光学元件，如偏振光学元件。具有较好的光氧化活性，可制造光触媒产品。金红石是提炼钛的主要矿物原料。此外，人工制备的粉末状金红石称为钛白粉，广泛用于涂料等工业、白色橡胶和高级纸张填料；金红石还是一种重要的高温隔热涂层材料，用做电焊条的药皮涂层；钛合金广泛用于航空制造业和军工领域。

8.2.4　石英（Quartz）

SiO_2 各同质多象变体（如 α-石英、β-石英、柯石英 Coesite、斯石英 Stishovite 等）稳定的热力学条件见图 8-4。在自然界中，α-石英分布最广泛。

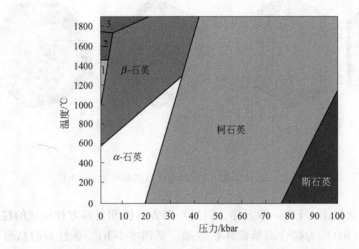

图 8-4　SiO_2 各同质多象变体稳定的热力学条件

1. 磷石英 HP tridymite；2. 方石英 β-cristobalite；3. 液体 Liquid

在上述 SiO_2 的各同质多象变体中，硅离子均为四面体配位，即每一硅离子被四个氧离子包围而构成硅氧四面体。各硅氧四面体之间以共用角顶的形式构成三维的架状结构，并因晶体结构中的空隙较大而具有较小的相对密度。另一方面，由于硅氧四面体连接的角度和对称程度、紧密程度的不同，因而导致不同变体在形态和物理性质上有所差别。

【化学组成】化学式为 SiO_2。理论值为含 Si 46.7%、含 O 53.3%。常含气态、液态和固态包裹体。

【晶体结构】如图 8-5 所示，空间群 $P3_121$ 或 $P3_221$，属三方晶系。晶胞参数 $a=4.916\text{Å}$、$c=5.408\text{Å}$，晶胞含 SiO_2 分子式数 $Z=3$。

【形态】自形晶常见六方柱 $\{10\bar{1}0\}$ 和菱面体 $\{10\bar{1}1\}$、$\{01\bar{1}1\}$ 的聚形，柱面上常具横纹，为聚形纹；有的晶体还发育三方双锥 $\{2\bar{1}\bar{1}1\}$ 或 $\{11\bar{2}1\}$ 和三方偏方面体 $\{6\bar{1}5\bar{1}\}$ 或 $\{5\bar{1}6\bar{1}\}$。由三方偏方面体的发育位置可区分出左形和右形；$x\{6\bar{1}5\bar{1}\}$ 发育于柱面 $\{10\bar{1}0\}$

左上角者为左形［图 8-6(a)］，$x\{51\bar{6}1\}$ 发育于柱面 $\{10\bar{1}0\}$ 右上角者为右形［见图 8-6(b)］。由 β-石英转变而成的 α-石英可保留六方双锥的副象。他形晶常呈粒状。

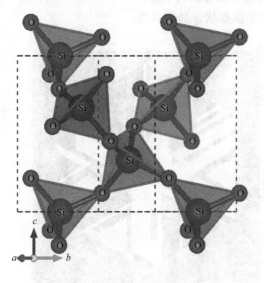

图 8-5　石英的晶体结构

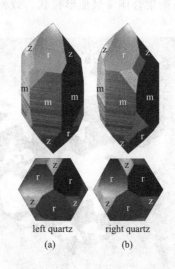

left quartz　　　right quartz

(a)　　　　　　(b)

图 8-6　石英晶体的理想形态

六方柱 m $\{10\bar{1}0\}$，菱面体 r $\{10\bar{1}1\}$，z $\{01\bar{1}1\}$；

三方双锥 s $\{11\bar{2}1\}$，三方偏方面体 x $\{6\bar{1}5\bar{1}\}$，$\{5\bar{1}6\bar{1}\}$

　　α-石英常见道芬双晶（Dauphine twin，法国南部道芬省的水晶时首先发现的因而名为道芬双晶）和巴西双晶，偶见日本双晶。道芬双晶是以 Z 轴为双晶轴，由两个右形晶或两个左形晶组成的贯穿双晶；巴西双晶是以 $\{11\bar{2}0\}$ 为双晶面，由一个左形晶和一个右形晶组成的贯穿双晶。两种双晶的区别以 x 面的分布方位确定［图 8-7(a)］，柱面上的 x 面绕 Z 轴、每隔 60°出现一次者为道芬双晶，其双晶缝合线一般呈曲线。在柱面上有 2 个 x 面呈左右对称分布时则为巴西双晶，其双晶缝合线一般为一般呈曲线［图 8-8(a)］。在柱面上有 2 个 x 面

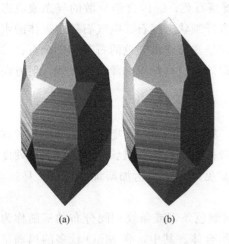

(a)　　　　　(b)

图 8-7　道芬双晶 (a) 和巴西双晶 (b)

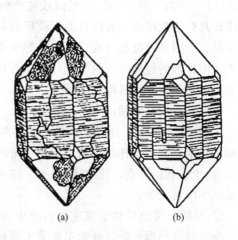

(a)　　　　　(b)

图 8-8　道芬双晶 (a) 和巴西双晶 (b) 的双晶缝合线

呈左右对称分布时则为巴西双晶 [图 8-7(b)]，其双晶缝合线一般为折线 [图 8-8(b)]。也可通过用氢氟酸腐蚀其横断面，观察横断面石英蚀象形貌，如图 8-9 所示：若为复杂曲线组成的岛屿状则为道芬双晶，若为折线组成的几何图案则为巴西双晶。

α-石英集合体常呈他形粒状、致密块状，亦见晶腺状、晶簇状等。

(a)　　　　　　　　　　　　　　　(b)

图 8-9　道芬双晶（a）和巴西双晶（b）的蚀象

【物理性质】纯净者无色透明，但因含微量色素离子或细分散包裹体，或因存在晶体色心而呈灰、乳白及其他颜色，并使透明度降低。玻璃光泽，断口呈油脂光泽。硬度为 7，无解理，贝壳状断口。相对密度为 2.65，具压电性。

显晶质石英的亚种：

①晶形完好、无色透明的石英称水晶；②因 Al^{3+} 替代 Si^{4+} 形成色心而呈烟色或褐色的石英称烟水晶，呈黑色的石英称墨晶；③因含 Fe^{3+} 替代 Si^{4+} 而呈紫色的石英称紫水晶；④因 Al^{3+}、Ti^{4+} 替代 Si^{4+} 而呈浅玫瑰色的石英称蔷薇石英；⑤因含细分散的气态或液态包裹体或具微细裂隙而呈乳白色的石英称乳石英；⑥含纤维状金红石、电气石等包裹体的水晶称发晶；⑦因含云母和（或）赤铁矿等细小包裹体而呈浅黄或褐红色的石英称砂金石；⑧含密集定向排列的包裹体或西交代纤维状石棉而呈猫眼效应（具丝绢光泽，随光线入射方向的改变呈游动性反光）者称猫眼石。

隐晶质石英的亚种：

① 玉髓（石髓）　指隐晶质的石英，常呈乳白、灰白、淡黄、灰蓝色等，呈红色者称红玉髓；呈苹果绿色者称绿玉髓；绿色中带红色斑点者称血滴玉髓。蜡状光泽，透明。硬度为 6.5。由于有孔隙存在，相对密度为 2.57~2.64。常见产地：马达加斯加、巴西、乌拉圭、印尼、中国台湾等；

② 玛瑙　传统矿物学或宝玉石学中将具有不同颜色条带或条纹相间分布的玉髓称为玛瑙。现今通常玛瑙也泛指可做工艺美术原料的玉髓集合体。其中，含 MnO 较多的玛瑙呈黑色；含 CaO、Na_2O 较多的玛瑙呈白色；含 Fe_2O_3 较多的玛瑙呈红褐色；含 Al_2O_3 较多的玛瑙常呈灰蓝色；含绿泥石包裹体的玛瑙呈绿色。

【成因产状】α-石英是许多岩浆岩、沉积岩、变质岩中的主要造岩矿物，也是大多数热液脉中的主要矿物。其中，在伟晶岩晶洞和变质岩系中的石英脉内，α-石英是天然压电水晶的重要来源。有些石英亚种具有标型意义，如烟水晶只能形成于较高温度下；紫水晶形成于相当低的温度和压力条件下；蔷薇石英总是呈块状产于伟晶岩脉的核部。原生的玛瑙和部分玉髓为低温热液成因，分为产于火山岩孔洞中的分泌体状玛瑙和产于火山岩断裂构造中的充填型脉状玛瑙；次生富集型玛瑙见于残坡积物和冲积物中。

石英产地遍及世界各大洲。南、北美洲，澳大利亚，南亚，东南亚和中国则是世界优质玛瑙的主要产地。辽宁阜新是我国著名的玛瑙产地，素有"玛瑙之都"之称，曾采出 60 余吨玛瑙块体。

【鉴定特征】α-石英以其晶形、无解理、贝壳状断口、硬度为特征。石英与其相似的方解石的区别在于：前者硬度大、无解理、遇 HCl 无反应；后者硬度小、具解理、遇 HCl 剧烈反应，有 CO_2 气泡冒出。

【主要用途】α-石英的用途很广。石英砂是重要的工业矿物原料，广泛用于铸造、冶金、建筑、化工等行业；石英还用于制作石英谐振器（如石英手表）、滤波器和光学材料等；无裂隙、无包裹体、无双晶的石英单晶体用作压电材料；水晶、蔷薇石英等亚种和玛瑙为宝玉石原料。

8.3　复杂氧化物矿物

复杂氧化物矿物是指由两种及以上阳离子与氧相结合而形成的氧化物矿物，其化合物主要包括 ABX_3（如钛铁矿族矿物钛铁矿 $FeTiO_3$、钙钛矿族矿物 $CaTiO_3$ 等）、AB_2X_4（如尖晶石族尖晶石 $MgAl_2O_4$）、AB_2X_6［如铌铁矿族铌铁矿（Fe，Mn）Nb_2O_6］等类型。

钛铁矿族矿物包括钛铁矿 $FeTiO_3$、镁钛矿 $MgTiO_3$ 等。其中，钛铁矿与镁钛矿可组成完全类质同象系列。钙钛矿族矿物中异价类质同象广泛发育，如 $Ca^{2+} + Ti^{4+} \Longleftrightarrow Na^+ + Nb^{5+}$、$Ca^{2+} + Ti^{4+} \Longleftrightarrow Ce^{3+} + Fe^{3+}$、$2Ca^{2+} \Longleftrightarrow Na^+ + Ce^{3+}$、$2Ti^{4+} \Longleftrightarrow Fe^{3+} + Nb^{5+}$ 等。钙钛矿族主要矿物为钙钛矿。

尖晶石族矿物的化学式通式 AB_2X_4 中 A 代表二价的 Mg^{2+}、Fe^{2+}、Zn^{2+}、Mn^{2+}；B 代表三价的 Fe^{3+}、Al^{3+}、Cr^{3+}。本族矿物的类质同象现象发育广泛。根据尖晶石族矿物成分中三价阳离子的种类，分为三个亚族——a. 尖晶石亚族：三价阳离子为 Al^{3+}，包括尖晶石 $MgAl_2O_4$、铁镁尖晶石（Mg，Fe^{2+}）Al_2O_4 和铁尖晶石 $FeAl_2O_4$ 等；b. 磁铁矿亚族：三价阳离子为 Fe^{3+}，包括磁铁矿 $Fe^{2+}Fe_2^{3+}O_4$、镁铁矿 $MgFe_2O_4$、镍磁铁矿 $NiFe_2O_4$ 和锰磁铁矿 $MnFe_2O_4$ 等；c. 铬铁矿亚族：三价阳离子为 Cr^{3+}，包括铬铁矿 $FeCr_2O_4$、镁铬铁矿 $MgCr_2O_4$、镍铬铁矿 $NiCr_2O_4$ 和锰铬铁矿 $MnCr_2O_4$ 等。上述三个亚族之间，铬铁矿亚族与磁铁矿亚族之间为连续类质同象系列；铬铁矿亚族与尖晶石亚族之间为不连续类质同象系列；尖晶石亚族与磁铁矿亚族之间不存在类质同象。

铌铁矿族矿物属 AB_2X_6 型化合物，A 组阳离子主要是 Fe^{2+}、Mn^{2+}，B 组阳离子主要是 Nb^{5+}、Ta^{5+}。其中，Fe^{2+} 与 Mn^{2+}、Nb^{5+} 与 Ta^{5+} 可形成完全类质同象系列。

下面仅介绍较常见的钛铁矿、钙钛矿和尖晶石。

8.3.1 钛铁矿（Ilmenite）

【化学组成】化学式为 $FeTiO_3$。理论值为含 Fe 36.8％、含 Ti 31.6％、含 O 31.6％。主要含 Mg、Mn、Nb、Ta 等类质同象混入物。另外，由于温度高于 950℃ 时钛铁矿与赤铁矿可形成完全类质同象系列，当温度降低时即发生离溶，故钛铁矿中常含有呈细鳞片状的赤铁矿。

【晶体结构】结构如图 8-10(a) 所示，空间群 $R\bar{3}$，属三方晶系。晶胞参数 $a=5.088\text{Å}$、$c=14.089\text{Å}$，晶胞含 $FeTiO_3$ 分子式数 $Z=6$。

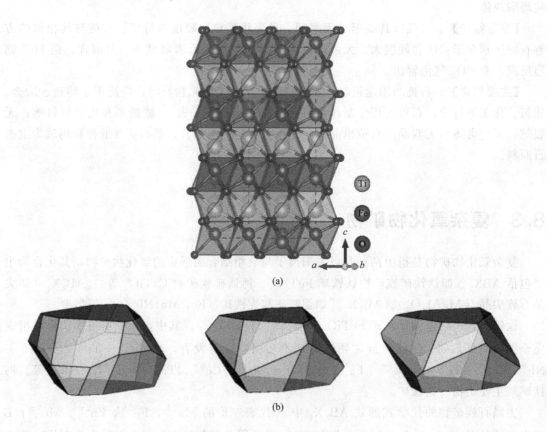

图 8-10　钛铁矿晶体结构（a）和钛铁矿单晶体形态（b）

【形态】钛铁矿单晶体形态如图 8-10(b) 所示，依 $\{102\}$ 与 $\{001\}$／$\{2\bar{1}3\}$／$\{113\}$ 等晶面形成的厚板状或菱面体单晶体。通常呈不规则细粒或鳞片状集合体。

【物理性质】铁黑色，条痕呈黑色，含赤铁矿者带褐色，金属至半金属光泽，不透明。无解理，贝壳状或不平坦状断口，硬度为 5～6。相对密度为 4.68～4.76，具弱磁性。

【成因产状】钛铁矿主要形成于岩浆作用和伟晶作用。钛铁矿在岩浆岩中常作为副矿物出现，其化学成分与形成条件有关——产于超基性岩、基性岩中的钛铁矿，其 MgO 含量较高，基本不含 Nb、Ta；碱性岩及其脉岩中的钛铁矿，其 MnO 含量较高并含 Nb、Ta；酸性岩及其脉岩中的钛铁矿，其 FeO、MnO、Nb、Ta 含量均较高。

在碱性岩尤其是碱性伟晶岩中，钛铁矿可形成大晶体。在与基性岩有关的钒钛磁铁矿矿床中，钛铁矿常呈显微粒状或片状分布于磁铁矿颗粒之间，或沿磁铁矿 {111} 裂理面定向分布。此外，钛铁矿也常见于砂矿中。

世界著名矿山有俄罗斯的伊尔门山、挪威的克拉格勒和美国怀俄明州的铁山、加拿大魁北克的埃拉德湖等。中国四川攀枝花铁矿，也是一个大型的钛铁矿产地，其钛铁矿成显微粒状或片状分布于磁铁矿颗粒之间或裂理中。

【鉴定特征】以其黑色条痕和弱磁性与其相似的赤铁矿、磁铁矿相区别。将铂丝烧红后沾 Na_2CO_3 与硼砂的固体混合剂，置酒精灯氧化焰烧成球珠后沾钛铁矿粉末再灼烧，将烧熔后的球珠放在瓷板上，先后加 1 小滴 1∶1 的 H_2SO_4、3％的 H_2O_2，呈黄色或橙黄色。

【主要用途】钛铁矿为提炼钛的矿物原料之一。钛具有耐腐蚀、抗高温、强度高等特性，广泛应用于化学工业、军事和空间技术领域。

8.3.2　钙钛矿（Perovskite）

【化学组成】化学式为 $CaTiO_3$。理论值为含 CaO 41.24％，含 TiO_2 58.76％。常有 Na、K、Ce、Fe、Nb、Ta、La 等类质同象混入物。

【晶体结构】不同变体分属正交晶系 ［低温变体图 8-11（a）］和立方晶系 ［高温变体图 8-11（b）］。正交晶系：空间群 Pnma，晶胞参数 $a=5.381Å$，$b=5.442Å$，$c=7.641Å$，晶胞含 $CaTiO_3$ 分子式数 $Z=4$。立方晶系：空间群 $Pm\bar{3}m$，晶胞参数 $a=3.795Å$，晶胞含 $CaTiO_3$ 分子式数 $Z=1$。

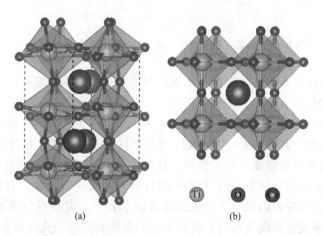

Ti　　O　　Ca

(a)　　　　　(b)

图 8-11　钙钛矿晶体结构
(a) 低温变体；(b) 高温变体

【形态】单晶体常为假立方体或不规则粒状，有时见八面体；在立方体的晶面上常具平行立方体晶棱的聚片条纹（图 8-12）。

【物理性质】褐至灰黑色，条痕呈白至灰黄色，金刚光泽。具 {100} 不完全解理，参差状断口，硬度为 5.5～6.0。相对密度为 3.97～4.26（含 Ce 和 Nb 者较大）。

【成因产状】钙钛矿常呈副矿物见于强烈黑云母化的辉石岩和碱性超基性岩中。在辉石岩中，钙钛矿与磁铁矿、钛磁铁矿、磷灰石等共生；在碱性超基性岩中，钙钛矿与霞石、白榴石等共生。

【鉴定特征】以其立方体晶形及其双晶条纹、颜色和硬度作为鉴定特征。

【主要用途】富集时可作为提炼铁、稀土和铌的矿物原料。

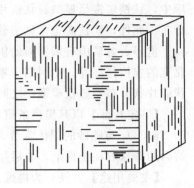

图 8-12 钙钛矿典型晶形及条纹示意

8.3.3 尖晶石（Spinel）

【化学组成】化学式为 $MgAl_2O_4$。理论值为含 MgO 28.2%、含 Al_2O_3 71.8%。常含 Fe、Zn、Mn、Cr 等类质同象混入物，并常具锆石、磷灰石、榍石等矿物和气液包裹体。

【晶体结构】结构如图 8-13（a）所示，空间群 $F d \bar{3} m$，属立方晶系。晶胞参数 $a = 8.075 \text{Å}$，晶胞含 $MgAl_2O_4$ 分子式数 $Z = 8$。

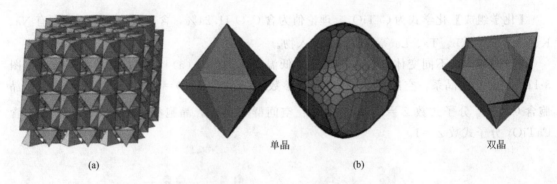

单晶　　　　　　双晶
(a)　　　　　　　(b)

图 8-13　尖晶石晶体结构（a）和尖晶石的晶体形态（b）

【形态】单晶体多呈八面体，有时为八面体与菱形十二面体的聚形；可依〈111〉形成尖晶石律接触双晶 [图 8-13(b)]。

【物理性质】无色者少见，通常呈红色（含 Cr）、绿色（含 Fe^{2+}）或褐黑色（含 Fe^{2+} 和 Fe^{3+}），玻璃光泽。硬度为 7.5～8.0，无解理，偶见平行（111）裂理。相对密度为 3.60～4.10。

【成因产状】尖晶石可形成于岩浆作用、接触变质作用和区域变质作用。岩浆成因者见于基性、超基性火成岩中，尖晶石作为副矿物与辉石、橄榄石共生。在酸性侵入岩与白云岩、镁质灰岩、镁质大理岩的接触带形成的镁质矽卡岩中，尖晶石与镁铝榴石、镁橄榄石、透辉石等共生，常形成宝石级尖晶石。富铝贫硅的泥质岩在接触热变质和区域变质条件下都可产生尖晶石。此外，由于尖晶石物理性质、化学性质稳定而常见于砂矿中。

优质宝石级尖晶石的主要生产国有斯里兰卡、缅甸、柬埔寨和泰国等。

【鉴定特征】八面体晶形、尖晶石律接触双晶，无解理和高硬度是其鉴定特征。

【主要用途】透明色美者为宝石，色纯、透明度高、晶粒大的尖晶石是宝石佳品。

8.4　氢氧化物和含水氧化物矿物

氢氧化物是指由 $(OH)^-$ 或 $(OH)^-$ 和 O^{2-} 同时与 Mg^{2+}、Al^{3+}、Fe^{3+}、Mn^{2+}、

Mn^{4+} 等形成的化合物。前者如水镁石 $Mg(OH)_2$，后者如针铁矿 $\alpha\text{-}FeO(OH)$。除氢氧化物外，该类矿物还包括含水分子的氧化物。

氢氧化物主要形成于低温表生条件，矿物中类质同象替代有限。但该类的许多矿物系胶体凝聚而成，对其他离子具有较强的吸附作用。

在自然界，铝的氢氧化物常以"铝土矿"形式产出；铁的氢氧化物常以"褐铁矿"形式产出；锰的氢氧化物和含水氧化物则主要以硬锰矿形式存在。铝土矿亦称铝矾土，化学式通常写为 $Al_2O_3 \cdot nH_2O$，实际上它主要是一种以极细的三水铝石、一水硬铝石、一水软铝石为主要组分，并含数量不定的高岭石、蛋白石、赤铁矿、针铁矿等多种矿物的细分散机械混合物。铝土矿呈灰白色，随氧化铁含量的增加渐变为灰黄、砖红、棕红色；常呈鲕状、豆状、块状、多孔状或土状产出，不具可塑性。当铝土矿中 Al_2O_3 含量大于 40%，且 $\omega(Al_2O_3):\omega(SiO_2)>2:1$ 时可作为铝矿石利用。

褐铁矿，是指以针铁矿或水针铁矿为主要组分并含有数量不定的纤铁矿、水纤铁矿、含水二氧化硅、黏土矿物等细分散的机械混合物。褐铁矿通常呈钟乳状、葡萄状、致密或疏松块状产出，呈褐色，条痕为黄褐色，硬度介于 $1\sim4$。

氧化物和含水氧化物矿物主要分为水镁石族、三水铝石族、硬水铝石族和针铁矿族。水镁石族矿物主要是水镁石（又称氢氧镁石），具层状晶体结构。其他矿物在自然界很少见。针铁矿族矿物包括 $FeO(OH)$ 的四个同质多象变体。其中，以针铁矿 $\alpha\text{-}FeO(OH)$ 分布最广，而纤铁矿 $\gamma\text{-}FeO(OH)$ 较少见，其他两个变体罕见。三水铝石族矿物包括 $Al(OH)_3$ 的三个同质多象变体，均属层状晶体结构。其中，以三水铝石（又称水铝氧石）在自然界分布最广，而三斜三水铝石和三羟铝石则很少见。硬水铝石族物包括 $AlO(OH)$ 的两个同质多象变体，即一水硬铝石 $\alpha\text{-}AlO(OH)$（曾称硬水铝石）和一水软铝石 $\gamma\text{-}AlO(OH)$（曾称软水铝石）。前者为链状结构，后者为层状结构，因此硬度差异较大。

本教材只以水镁石和针铁矿为例进行简要介绍。

8.4.1 水镁石（Brucite）

【化学组成】化学式为 $Mg(OH)_2$。理论值为含 $MgO\ 69.12\%$、含 $H_2O\ 30.88\%$。有 Fe、Mn、Zn 等类质同象替代 Mg，其中 FeO 含量可达 10%，MnO 可达 20%，ZnO 可达 4%。

【晶体结构】晶体结构如图 8-14(a) 所示。空间群 $P\bar{3}m$，属三方晶系。晶胞参数 $a=2.948\text{Å}$，$c=4.119\text{Å}$，晶胞含 $Mg(OH)_2$ 分子式数 $Z=1$。

【形态】依 {001}、{110} 构成呈厚板状单晶体，或由 {101}、{001}、{201} 构成叶片状单晶体，水镁石晶体形态见图 8-14(b)。常见片状集合体，有时呈纤维状集合体，称之为"纤水镁石"。

【物理性质】白、灰白至淡绿色，含 Mn 或含 Fe 者呈红褐色。条痕呈白色，玻璃光泽，解理面呈珍珠光泽，纤维状集合体呈丝绢光泽。硬度为 2.5，具 {0001} 极完全解理，薄片具挠性。相对密度为 $2.3\sim2.6$，具热电性。

【成因产状】水镁石是蛇纹岩或白云岩中典型的低温热液蚀变矿物。

【鉴定特征】以其形态、低硬度和 {0001} 极完全解理为水镁石的鉴定特征。以易溶于

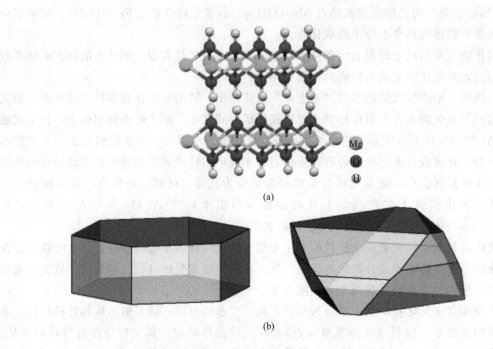

图 8-14 水镁石晶体结构（a）和水镁石晶体形态（b）

HCl 区别于滑石、叶蜡石。

【主要用途】合成水镁石可用于制备氧化镁并作为耐火绝缘材料；由于氧化镁受热分解形成水汽，因此可将其作为阻燃剂；另外，水镁石是工业中提炼镁的主要矿物原料之一。纤水镁石是温石棉的理想替代品。

8.4.2 针铁矿（Goethite）

【化学组成】化学式为 α-FeO(OH)。理论值为含 Fe 62.9%、含 O 27%、含 H_2O 10.1%。混入物组分与针铁矿的成因有关，热液成因者成分较纯；外生成因的常含 Al_2O_3、SiO_2、MnO_2、CaO 等，除部分 Al 为类质同象组分外，其他组分一般为机械混入物或吸附物；金属矿床氧化带中的针铁矿还常含 Cu、Pb、Zn、Cd 等；超基性岩风化壳中的针铁矿则含 Co、Ni。含不定量吸附水者称水针铁矿 α-FeO(OH)·nH_2O。

【晶体结构】晶体结构如图 8-15(a) 所示，空间群 Pbnm，属正交晶系。晶胞参数 $a=$ 4.598Å，$b=9.951$Å，$c=3.018$Å，晶胞含 FeO(OH) 分子式数 $Z=4$。

【形态】针铁矿晶体形态如图 8-15(b) 所示，单晶体少见，呈平行 Z 轴发育的针状、柱状或平行 {010} 成薄板状、鳞片状。常呈肾状、钟乳状、结核状、鲕状、豆状、致密块状或土状集合体。

【物理性质】褐黄至褐红或暗褐色，土状者呈褐黄色，条痕呈褐色。半金属光泽，隐晶质者光泽暗淡。具 {010} 极完全解理，参差状断口，硬度为 5.0~5.5，具脆性。相对密度为 4.27~4.29，呈土状者可低至 3.3。

【成因产状】针铁矿分布很广，是褐铁矿中的最主要组分，并常与纤铁矿、含水赤铁矿

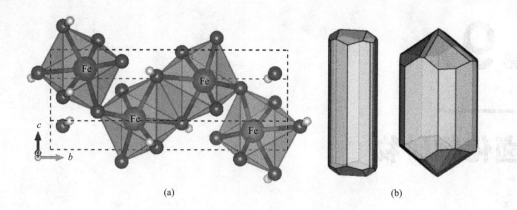

图 8-15　针铁矿晶体结构（a）和针铁矿晶体形态（b）

共生。它主要是含铁矿物风化作用的产物，常残留在铜铁硫化物矿床的氧化带表层构成"铁帽"。铁帽是寻找原生铜、铁硫化物矿床的重要标志。沉积成因的针铁矿主要见于海、湖沉积物中。此外，偶见低温热液成因者与石英、菱铁矿共生。在区域变质作用中针铁矿可脱水转变成赤铁矿或磁铁矿。

【鉴定特征】以其集合体形态、褐黄色条痕和产状为主要鉴定特征。遇试管中热之生水并变为红色 Fe_2O_3；烧之具磁性。以形态、条痕和易溶于 HCl 可与赤铁矿、磁铁矿等区别。

【主要用途】做炼铁原料。

思 考 题

1. 不同氧化物矿物的相对密度差异较大，主要取决于哪些因素？
2. 氢氧化物主要是在什么条件下形成的？
3. 氧化物矿物常形成砂矿，为什么硫化物矿物在砂矿中难以见到？
4. 如何区分石英的道芬双晶和巴西双晶？
5. SiO_2 的同质多象变体有哪些？
6. 可作为宝石、玉石的氧化物矿物有哪些？

第 **9** 章

卤化物矿物

9.1　概述

卤化物矿物，是指金属阳离子与卤族元素 F、Cl、Br、I 所组成的化合物矿物。目前已知矿物种有 100 余种，主要为氟化物和氯化物矿物，溴化物和碘化物少见。卤化物矿物约占地壳总质量的 0.5%。

卤化物矿物的用途广泛，如萤石为冶炼工业中重要的助熔剂；石盐不仅与人的生命直接相关，还是重要的化工原料；钾盐为农业不可缺少的化肥原料。

9.1.1　化学成分

组成卤化物矿物的阳离子（表 9-1）主要是 K^+、Na^+、Ca^{2+}、Mg^{2+}、Al^{3+}、Si^{4+} 等惰性气体型离子，而 RE^{3+} 等过渡型离子和 Cu^+、Ag^+、Pb^{2+}、Hg^{2+} 等铜型离子的卤化物较少。

表 9-1　形成卤化物矿物的主要元素

I A																	Ⅷ A
H	Ⅱ A											ⅢA	ⅣA	ⅤA	ⅥA	ⅦA	
Li																F	
Na	Mg	ⅢB	ⅣB	ⅤB	ⅥB	ⅦB		Ⅷ B			I B	Ⅱ B	Al	Si			Cl	
K	Ca				Mn					Ni	Cu					Br	
Rb	Sr	Y									Ag					I	
Cs		RE									Au	Hg		Pb	Bi		

注：1. RE——La 系稀土元素。

　　2. 稀土元素共 17 种，为 Sc、Y 和 La 系 La～Lu 全部 15 种，这里标注的 RE 主要指 La 系稀土元素（Rare Earth，简称 RE）。本教材此后出现的 RE 均特指 La 系稀土元素。

组成卤化物矿物的阴离子除 F^-、Cl^-、Br^-、I^- 外，少数矿物还具有附加阴离子

（OH）¯和 H_2O。

9.1.2　晶体化学特征

由于阴离子除 F^-、Cl^-、Br^-、I^- 的半径差别较大，因而它们对阳离子的选择各有不同。

F^- 的半径最小，它主要选择与半径相对较小的 Ca^{2+}、Mg^{2+}、Al^{3+}、Si^{4+} 等阳离子结合形成稳定化合物（大多不溶于水）；Cl^-、Br^-、I^- 的半径较大，它们总是与半径较大的 Na^+、K^+、Rb^+、Cs^+ 等阳离子形成易溶于水的化合物。

卤化物的化学键与阳离子的类型有密切关系。由惰性气体型阳离子组成的矿物为典型的离子键；而由铜型阳离子组成的矿物则表现为共价键性质。

9.1.3　物理性质

卤化物矿物的物理性质与组成阳离子的类型有关，由惰性气体型离子组成的矿物一般为无色或呈浅的各种颜色，呈玻璃光泽，透明，密度较低，导电性差；由铜型离子组成的矿物，一般为浅色，呈金刚光泽，透明度较低，密度较大，导电性增加，具有延伸性。

氟化物的硬度较大，溶解性差。而氯化物的硬度较低，易溶解于水，水溶液常导电。其他矿物比较少见。

9.1.4　成因产状

卤化物矿物主要形成于热液环境和外生条件。其中，氟化物主要形成于热液作用；Na、K、Mg 等氯化物主要形成于含盐沉积盆地的化学沉积作用；Cu、Ag、Hg 的卤化物主要形成于干热地区的硫化物矿床氧化带，为含有这些元素的硫化物经过氧化形成易溶的硫酸盐后再与下渗的含卤素的地下水反应而成。

卤化物矿物对称性高，多为立方晶系。其形态为立方体、八面体、菱形十二面体或其聚形。

9.1.5　分类

按晶体化学特点和自然界产出特征，卤化物矿物大类可分为氟化物矿物和氯化物矿物及溴化物矿物、碘化物矿物。

9.2　常见卤化物矿物

卤化物矿物主要有氟化物矿物和氯化物矿物，其中氟化物矿物最常见的为萤石，氯化物矿物最常见的是石盐。

萤石是典型的萤石族矿物，萤石族矿物属 AX_2 型，阳离子作最紧密堆积，占据立方面心晶胞的角顶和面中心、阴离子填充在所有四面体空隙中。阴、阳离子配位数分别为 4、8。当阴阳离子位置互换，即为反萤石结构。一些 A_2X 型化合物具有反萤石型结构。

石盐是石盐族矿物的主要成员之一，石盐族矿物为 AX 型化合物，主要包括石盐和钾盐两种矿物。它们的晶体结构类型相同。两者性质相近，但由于 Na^+ 和 K^+ 离子半径相差较大，不能形成连续的类质同象系列。

9.2.1　萤石 (Fluorite)

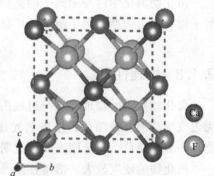

【化学组成】化学式为 CaF_2。理论值为含 Ca 51.33%、含 F 48.67%。类质同象混入物主要有 Y、Ce 等稀土元素。

【晶体结构】结构如图 9-1 所示。空间群 $Fm\bar{3}m$，属立方晶系。晶胞参数 $a = 5.462Å$，晶胞含 CaF_2 分子式数 $Z = 4$。

【形态】单晶体常呈 {100} 立方体、{111} 八面体，较少呈 {110} 菱形十二面体，见图 9-2(a)，偶见尖晶石律贯穿双晶，见图 9-2(b)。通常呈粒状、块状集合体。

【物理性质】颜色多样，常呈黄色、绿色、蓝色、紫色或无色，条痕呈白色。玻璃光泽，透明。具 {111} 极完全解理，硬度为 4，性脆。相对密度为 3.18（含 Y 和 Ce 者增大，钇萤石为 3.3）。具荧光性，某些变种具磷光性。

图 9-1　萤石晶体结构

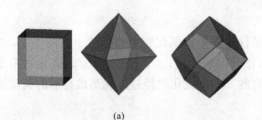
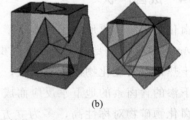

(a)　(b)

图 9-2　萤石单晶和贯穿双晶结构

【成因产状】主要产于热液作用形成的矿脉中，与石英、方解石及锡石、黑钨矿、各种金属硫化物共生。外生作用中萤石较少，主要产于石灰岩或白云岩中。

浙江的武义、义乌、金华等地是我国萤石的主要产地。

【鉴定特征】以晶形、无色和常见的绿、紫等色、透明、硬度为 4、{111} 完全解理为主要鉴定特征。

【主要用途】主要用作化工原料和冶金助熔剂，还用于玻璃、陶瓷工业。透明无色的晶体为光学材料。

9.2.2　石盐 (Halite)

【化学组成】化学式为 NaCl。理论值为含 Na 39.4%、含 Cl 60.6%。有少量 K、Br、Rb、Cs、Sr 等类质同象混入物，常有卤水、气泡、泥质等机械混入物。

【晶体结构】晶体结构如图 9-3 所示。空间群 $Fm\bar{3}m$，属立方晶系。晶胞参数 $a =$ 5.628Å，晶胞含 NaCl 分子式数 $Z = 4$。

【形态】单晶体呈立方体，有时呈晶面陷入的骸晶（图 9-4）；通常呈粒状、致密块状或疏松盐华状集合体。

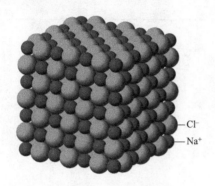

图 9-3　石盐晶体结构

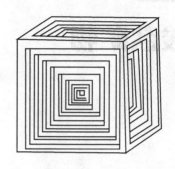

图 9-4　石盐晶体形态

【物理性质】纯净者无色透明或灰白色，含晶格缺陷或含包裹体者呈黄、紫、红、蓝、灰、褐等色，其中呈蓝色者常与钾放射性同位素导致硝离子转变为中性原子有关。条痕呈白色，玻璃光泽，风化面油脂光泽，性脆。具 {100} 极完全解理，硬度为 2.5，性脆。相对密度为 $2.1\sim2.2$。易溶于水，味咸。烧之显黄色火焰（钠的焰色）。

【成因产状】主要为内陆盐湖、滨海咸化潟湖的化学沉积产物，与白云石、石膏、硬石膏和钾盐等共生。亦可见于火山凝华物中。

我国沿海各省和青海柴达木为石盐的主要产区。

【鉴定特征】立方体晶形、{100} 完全解理、低硬度、易溶、味咸等为主要鉴定特征。

【主要用途】用于提取金属钠、盐酸和其他多种化学产品的原料。做食料、防腐剂和纺织工业填料。亦用于制作充钠蒸汽灯泡。带蓝色的石盐是寻找钾盐的标志。

思　考　题

1. 氟化物和氯化物的物理性质有何差别？
2. 石盐和方铅矿结构虽相同但性质有何异同？

第10章

硅酸盐矿物

含氧盐是金属阳离子和 $[SiO_4]^{4-}$、$[CO_3]^{2-}$、$[SO_4]^{2-}$ 等含氧酸根结合而形成的化合物。本大类矿物在自然界分布极广，其种数约占已知矿物种数的三分之二。它们不仅是构成三大类岩石的主要矿物，而且也是工业上不可缺少的矿物资源。

含氧盐的晶体结构中，含氧酸根呈独立的阴离子团存在，称为络阴离子。阴离子团的中心阳离子具有离子半径小、电荷高、配位数不大的特点。阴离子团内氧与中心阳离子的结合力远比与团外阳离子的结合牢固得多。阴离子团的形状、半径、电价以及某些化学特性的差别，对矿物的化学成分、物理性质及成因有决定性影响。

参与含氧盐晶格的金属阳离子种类极为广泛。总的来说，以惰性气体型离子为主，其次为部分过渡型离子，铜型离子较少。金属阳离子和络阴离子的组合规律，一般是阳离子半径大小、电价高低与络阴离子的半径和电价是相匹配的。

含氧盐络阴离子内部以共价键为主，而络阴离子与其外阳离子结合时则多为离子键，整个晶体表现为典型的离子晶格。矿物以透明、白色条痕、玻璃光泽者为主。而矿物的硬度变化极大，自 1~8 均有，视其成分、结构不同而异。

根据含氧酸根种类的不同，可将含氧盐大类矿物分为以下七类：a. 硅酸盐类矿物；b. 碳酸盐类矿物；c. 硫酸盐类矿物；d. 硼酸盐类矿物；e. 磷酸盐、砷酸盐、钒酸盐类矿物；f. 钨酸盐、钼酸盐、铬酸盐类矿物；g. 硝酸盐类矿物。限于篇幅原因，本教材主要介绍前三类，其中硅酸盐类矿物单独在本章讲解，碳酸盐类矿物和硫酸盐类矿物作为第 11 章内容介绍。

10.1 概述

硅和氧是地壳中分布最广的两种元素，其质量克拉克值分别约为 29.5% 和 47.0%。由硅、氧和其他金属阳离子组成的硅酸盐矿物是组成地壳的物质基础。目前已知的硅酸盐矿物 800 余种，约占矿物种的 27%，占地壳总体积约 80%（图 10-1）。组成地壳的三大类岩石多以硅酸盐矿物作为主要造岩矿物。

　　硅酸盐矿物除了分布极其广泛外，它们作为主要的矿物资源在国民经济建设、国防和尖端科学技术领域具有十分重要作用。例如，农作物生长的土壤主要由硅酸盐矿物组成；建筑行业的石材取自硅酸盐矿物；白云母作为强绝缘材料，用于电气、电子等工业；高岭石为上等陶瓷原料；锆石、绿柱石等硅酸盐矿物是提炼稀有金属的矿物原料等。

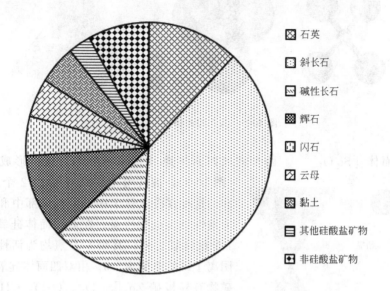

石英

斜长石

碱性长石

辉石

闪石

云母

黏土

其他硅酸盐矿物

非硅酸盐矿物

图 10-1　地壳中典型矿物体积分数

10.1.1　硅氧骨干和附加阴离子

10.1.1.1　硅氧骨干

　　组成硅酸盐的元素并不是特别多，但其矿物种类却很多，其原因主要是组成硅酸盐矿物的络阴离子——硅酸根能以多种不同形式出现于晶体结构中。

　　硅氧四面体 $[SiO_4]^{4-}$ 是硅酸盐矿物晶体中的一个基本单元。各硅氧四面体既可以呈孤立状，彼此由阳离子相连接；也可以是多个硅氧四面体通过共用角顶相互连接起来，形成复杂的硅氧骨干（络阴离子），后者再与阳离子相结合。相互连接的两硅氧四面体间只能以共用角顶（共用一个氧）形式相连接，不能共棱（共用两个氧）或共面（共用三个氧）相连接。因为共棱或共面相连接时，两个四面体中的 Si^{4+} 距离太近，其斥力使晶体结构不稳定。

　　硅酸盐中的络阴离子主要有下列基本形式。

(1)　岛状硅氧骨干

　　岛状硅氧骨干由单个硅氧四面体或由有限个硅氧四面体联结而成的络阴离子团构成。除单个的硅氧四面体 $[SiO_4]^{4-}$ 外，常见的还有硅氧双四面体 $[Si_2O_7]^{6-}$，其他形式的岛状络阴离子则罕见。

　　① 孤立四面体 $[SiO_4]^{4-}$　在晶体结构中，各硅氧四面体彼此不直接连接，以孤立四面体出现（图 10-2），是硅氧骨干存在的最简形式。在孤立四面体硅氧骨干中，每个 O^{2-} 除有 1 个负电价与 Si^{4+} 成共价键之外，还剩余有 1 个负电价。这种在晶体结构中未被全部中和的氧离子就是活性氧，也称端氧。正是因为活性氧的存在，各孤立硅氧四面体之间才能由

金属阳离子相连接，形成硅酸盐矿物，如锆石 $Zr[SiO_4]$、镁橄榄石 $Mg_2[SiO_4]$、钙铝榴石 $CaAl_2[SiO_4]_2$ 等。

图 10-2　孤立四面体 $[SiO_4]^{4-}$

② 双四面体 $[Si_2O_7]^{6-}$　两个硅氧四面体通过共用一个 O^{2-} 连接形成的络阴离子（图 10-3），被共用 O^{2-} 的电价为 2 个 Si^{4+} 全部中和。这种在硅氧骨干中电价被全部中和的氧原子即为惰性氧，也称桥氧。在双四面体硅氧骨干中，除 1 个惰性氧之外，其余 6 个氧均为活性氧。故这种阴离子团的电价为－6。由双四面体硅氧骨干构成的矿物有异极矿 $Zn_4[Si_2O_7](OH)_2 \cdot H_2O$、钪钇石 $(Sc，Y)_2[Si_2O_7]$ 等。

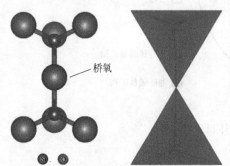

桥氧

Si　O

图 10-3　双四面体 $[Si_2O_7]^{6-}$

(2) 环状硅氧骨干

环状硅氧骨干是由若干个硅氧四面体借助共用氧连接成封闭环状的络阴离子。在晶体结构中，各个环均呈孤立状，相互间依靠其他金属阳离子连接。环中 $[SiO_4]^{4-}$ 四面体的数目多为 3、4、6，分别称三方环状、四方环状和六方环状（图 10-4），其中六方环最为常见。三方环状硅氧骨干 $[Si_3O_9]^{6-}$ 中有 3 个惰性氧、6 个活性氧；四方环状硅氧骨干 $[Si_4O_{12}]^{8-}$ 有 4 个惰性氧、8 个活性氧；六方环状硅氧骨干 $[Si_6O_{18}]^{12-}$ 有 6 个惰性氧、12 个活性氧。岛状硅氧骨干具有 $[Si_nO_{3n}]^{2n-}$ 化学通式。

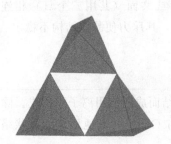  

图 10-4　环状硅氧骨干

(3) 链状硅氧骨干

由无数个硅氧四面体共用氧连接成一维（沿 Z 轴）无限延伸的链状络阴离子即为链

状硅氧骨干，最常见的是单链和双链硅氧骨干。单链中每个硅氧四面体以两个角顶分别与相邻的两个硅氧四面体连接；双链则等效于两个单链组合而成。硅酸盐矿物中常见的是辉石式（单链）及闪石式（双链）链状硅氧骨干。此外，还有硅灰石式单链、矽线石式双链等。

辉石式链状硅氧骨干是一种单链状络阴离子，由硅氧四面体成单行无限连接而成（图 10-5）。这种单链硅氧骨干可以看成是无数个相等的部分按相同取向连接而成，每个相等的部分具有 2 个 Si^{4+} 和 6 个 O^{2-}，故其络阴离子化学式一般写作 $[Si_2O_6]^{4n-}$。辉石族矿物均具此络阴离子，如透辉石 $CaMg[Si_2O_6]$，其 Ca^{2+} 和 Mg^{2+} 位于平行排列的硅氧骨干之间。

闪石式链状硅氧骨干是一种双链状络阴离子，由两列辉石链侧向并连而成（图 10-6）也可以看成是由无数个相等的部分连接而成，其中每个相等的部分具有 4 个 Si^{4+} 和 11 个 O^{2-}，故其络阴离子化学式一般写作 $[Si_4O_{11}]_n^{6n-}$。闪石族矿物均具此种硅氧骨干，如透闪石 $Ca_2Mg_5[Si_4O_{11}]_2(OH)_2$ 等。

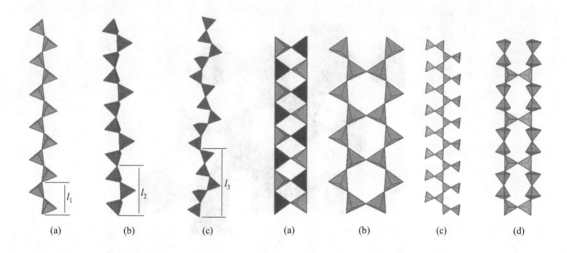

图 10-5　单链状硅氧骨干

(a) 辉石单链 $[Si_2O_6]^{4-}$，单元长度 $l_1 = 5.20\text{Å}$

(b) 硅灰石单链 $[Si_3O_9]^{6-}$，单元长度 $l_2 = 7.32\text{Å}$

(c) 蔷薇辉石单链 $[Si_5O_{15}]^{10-}$，单元长度 $l_3 = 12.20$

图 10-6　双链状硅氧骨干

(a) 矽线石双链 $[AlSiO_5]^{3-}$

(b) 闪石双链 $[Si_4O_{11}]^{6-}$

(c) 星叶石双链 $[Si_4O_{12}]^{8-}$

(d) 硬硅钙石双链 $[Si_4O_{17}]^{10-}$

(4) 层状硅氧骨干

各硅氧四面体均以三个角顶分别与相邻的三个硅氧四面体相连接，在二维空间内无限延展构成层状硅氧骨干（图 10-7）。最常见的层状硅氧骨干是硅氧四面体按六方网格状连接成层状。其中每个相等的部分由 4 个 Si^{4+} 和 10 个 O^{2-} 构成，故其络阴离子化学式一般写作 $[Si_4O_{10}]_n^{4n-}$，如滑石 $Mg_3[Si_4O_{10}](OH)_2$。

(5) 架状硅氧骨干

当每一硅氧四面体以其全部四个角顶与相邻的四面体连接时，则会构成在三维空间中无限扩展的骨架，如图 10-8 所示。若其中每个氧离子都是惰性氧，即每个硅氧四面体的 4 个 O^{2-} 都被共用，既已无负价，也就不能成为阴离子，形成石英族矿物。如果有一部分 Si^{4+}

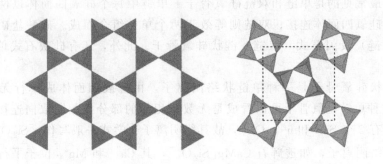

图 10-7　层状硅氧骨干

被 Al^{3+} 替代，即形成有多余的负电价存在的硅（铝）氧骨干，后者再与其他阳离子结合，则构成硅酸盐，如正长石 $K[AlSi_3O_8]$ 和钙长石 $Ca[Al_2Si_2O_8]$。架状络阴离子的化学式可表示为 $[Al_xSi_{n-x}O_{2n}]^{x-}$。

图 10-8　架状硅氧骨干

10.1.1.2　附加阴离子

作为阴离子，除由 Si—O 所组成的络阴离子团外，还可出现一些附加阴离子，如 O^{2-}、Cl^-、$(OH)^-$ 等。它们一般占据硅氧骨干之间的空隙位置以平衡电价，但 $(OH)^-$ 也可替代硅氧四面体中的活性氧。

10.1.2　组成硅酸盐的主要阳离子

构成硅酸盐矿物阳离子的主要元素见表 10-1。其阳离子中最主要的是惰性气体型离子和部分过渡型离子的元素，铜型离子极少。

在硅酸盐晶格中，因络阴离子的连接方式不同，导致其质点的紧密程度存在差异；或者在某些方向或某个方向上质点较紧密，而在其他方向质点较为疏松。这样就要求不同半径的阳离子充填晶体结构中大小不同的空隙。

表 10-1 形成硅酸盐矿物阳离子的主要元素

I A																ⅧA
	ⅡA											ⅢA	ⅣA	VA	ⅥA	ⅦA
Li	Be															
Na	Mg	ⅢB	ⅣB	VB	ⅥB	ⅦB		ⅧB			ⅠB	ⅡB	Al			
K	Ca	Sc	Ti	V	Cr	Mn	Fe	Co	Ni	Cu	Zn		Sn			
Rb	Sr	Y	Zr													
Cs	Ba	RE	Hf													

注：RE——La 系稀土元素。

另外，由于硅氧四面体的相互连接方式不同，致使硅氧骨干出现不同的负电价，因而需要不同价态的阳离子平衡电荷。一般而言，架状硅酸盐的连接方式相对复杂，其晶体结构的空隙大、络阴离子的负电荷少，与其适应的阳离子多具低电价、大半径和高配位数（常为8、10、12）特点，如 K^+、Na^+、Rb^+、Cs^+ 等。其余各亚类硅酸盐中的阳离子则一般为电价偏高或中等的阳离子，如 Mg^{2+}、Fe^{2+}、Ca^{2+}、Ba^{2+}、Al^{3+}、Zr^{4+}、Ti^{4+} 等，它们的配位数多数为 6，个别为 4 和 8。

由于硅酸盐整体晶格主要为离子键型，不具方向性，同时 $[SiO_4]$ 四面体的变形性小，所以有利于不同类型的阳离子互相替换，使其矿物中类质同象现象极为普遍。它们可以形成等价类质同象，如橄榄石 $(Mg, Fe)_2[SiO_4]$ 中的 $Mg^{2+} \Longleftrightarrow Fe^{2+}$；也可有异价类质同象，如斜长石 $(Ca, Na)[(Al, Si)_4O_8]$ 中的 $Ca^{2+} + Al^{3+} \Longleftrightarrow Na^+ + Si^{4+}$。目前，已知硅酸盐矿物有近 40 种完全类质同象系列。

10. 1. 3　硅酸盐中的水

有些硅酸盐中存在水分子且存在方式多样。例如，在异极矿 $Zn_4[Si_2O_7](OH)_2 \cdot H_2O$ 中存在着结晶水；在蒙脱石等层状结构矿物中存在层间水；在沸石族矿物中存在沸石水。此外，还有的矿物有时存在 $(H_3O)^+$ 形式的结构水，实际上它已不是水分子，而是一种带正电荷的阳离子（浍离子）。一些层状硅酸盐在水化过程中，常有浍离子替代被带出的碱金属离子。

10. 1. 4　晶格类型与矿物的形态和物理性质

在硅酸盐晶格中，硅氧四面体骨干内部的 Si 与 O 间主要是共价键；在硅氧骨干与金属阳离子间则以离子键为主。因此，硅酸盐矿物主要表现出透明、条痕呈白色、玻璃光泽等离子晶格特点。

另一方面，不同硅酸盐矿物的颜色深浅、硬度大小、解理发育程度和相对密度等物理性质以及成因等可能又有较大差别，它们主要受硅氧骨干和阳离子种类影响。

10.1.4.1 硅氧骨干

不同硅氧骨干的硅酸盐，其形态和物理性质的差异主要表现如下几个方面。

① 具岛状硅氧骨干的硅酸盐，硅氧四面体堆积紧密，在三维空间发育均衡，矿物多为三向近等的粒状形态，如石榴子石、橄榄石等，但若在不同方向上化学键等存在差异也可表现为非粒状，如蓝晶石；岛状硅氧骨干的硅酸盐一般无解理；硬度和相对密度比较大。

② 具环状硅氧骨干的硅酸盐，由于环与环之间的连接力较强，故常呈柱状形态，如绿柱石、电气石等。另外，环状硅氧骨干的硅酸盐若有解理，则平行柱面或底面发育；因环中空隙很大，矿物的相对密度和折光率相对较低。

③ 具链状硅氧骨干的硅酸盐，平行链的方向呈柱状或纤维状形态，其解理也多平行链发育。

④ 具层状硅氧骨干的硅酸盐，多呈片状形态并几乎无例外地发育平行底面的解理。

⑤ 具架状硅氧骨干的硅酸盐，由于其晶体结构的空腔大，因而矿物的相对密度较小。

10.1.4.2 阳离子的种类

阳离子的离子类型对硅酸盐的光学性质有很大影响，阳离子为惰性气体型离子的硅酸盐一般呈无色或浅色，阳离子为过渡型离子的硅酸盐其颜色常常较深。

构成阳离子元素的原子量对矿物物理性质的影响主要表现在相对密度上。阳离子为元素原子量较大的离子，如 Zn^{2+}、Zr^{4+}、Ti^{4+} 等，其矿物的相对密度一般较大；而阳离子为元素原子量较小的离子，如 Na^+、K^+ 等，其矿物的相对密度通常偏小。

10.1.5　铝在硅酸盐中的存在形式

铝在硅酸盐晶体结构中有两种存在形式。一种是作为金属阳离子与硅酸根结合，形成铝的硅酸盐。如绿柱石 $Be_3Al_2[Si_6O_{18}]$，其 Al^{3+} 作为阳离子，起连接各 $[Si_6O_{18}]^{12-}$ 的作用。另一种存在形式是 Al^{3+} 代替 Si^{4+} 进入四面体，形成部分 $[AlO_4]^{5-}$，与 $[SiO_4]^{4-}$ 一起形成铝硅酸根，再与其他阳离子结合成铝硅酸盐，如正长石 $K[AlSi_3O_8]$。当上述两种情况同时存在时，则形成铝的铝硅酸盐，如白云母 $KAl_2[AlSi_3O_{10}](OH)_2$。

10.1.6　硅酸盐矿物的成因

硅酸盐矿物广泛形成于内生作用、外生作用和变质作用中，但在不同地质作用中形成的矿物种存在差异。

① 在岩浆结晶过程中，硅酸盐矿物有按岛、链、层和架状硅氧骨干矿物的顺序依次结晶的总趋势，形成的矿物主要有橄榄石、辉石、闪石、黑云母、斜长石、碱性长石。

② 在伟晶作用中除形成长石、云母外，还可形成绿柱石、电气石等富含挥发组分的硅酸盐矿物。

③ 在热液作用中形成的硅酸盐矿物，主要有长石、绢云母、叶蜡石、滑石、蛇纹石、绿帘石、阳起石、绿泥石等。

④ 在外生作用下形成的硅酸盐矿物，主要是层状硅酸盐矿物，如蒙脱石、伊利石、高

岭石、海绿石、绿泥石等。

⑤ 在变质作用中形成的硅酸盐矿物，除有长石、辉石、闪石、云母等常见硅酸盐矿物外，还出现一些特征变质矿物，如红柱石、蓝晶石、矽线石、石榴子石、十字石等。

10.1.7　硅酸盐类矿物的分类

按其硅氧骨干的存在形式可将硅酸盐矿物划分为如下 5 个亚类。

① 岛状硅酸盐矿物亚类；

② 环状硅酸盐矿物亚类；

③ 链状硅酸盐矿物亚类；

④ 层状硅酸盐矿物亚类；

⑤ 架状硅酸盐矿物亚类。

10.2　岛状硅酸盐矿物

岛状硅酸盐矿物包括由孤立四面体 $[SiO_4]^{4-}$、双四面体 $[Si_2O_7]^{6-}$ 和由二者共同组成硅氧骨干的硅酸盐矿物。部分矿物还具有 O^{2-}、$(OH)^-$、F^-、Cl^- 等附加阴离子。

为了与该亚类硅氧骨干的高负电价相匹配，岛状硅酸盐晶格中阳离子的电价也较高，如 Zr^{4+}、Ti^{4+}、Al^{3+}、Fe^{3+}、Cr^{3+} 等。此外，还存在二价阳离子 Mg^{2+}、Mn^{2+}、Ca^{2+}，在多数情况下这些二价阳离子是和三、四价阳离子一同进入晶格的。比较而言，本亚类阳离子的种类比其他亚类的阳离子更为复杂。

岛状硅酸盐矿物多呈较完好晶形粒状，无色或浅色，透明至半透明，玻璃光泽或金刚光泽，硬度和相对密度较大。岛状硅酸盐矿物主要形成于内生作用和变质作用，而外生作用成因者较少。

岛状硅酸盐矿物主要包括锆石族、橄榄石族、石榴子石族、蓝晶石族、十字石族、绿帘石族等矿物。

锆石族矿物化学式可用 $XSiO_4$ 表示，X 为正四价阳离子，包括锆石和钍石 $ThSiO_4$ 等。橄榄石族矿物的化学式可用 X_2SiO_4 表示，其中 X 主要为 Mg^{2+}、Fe^{2+} 等，还可有 Mn^{2+}、Ni^{2+}、Co^{2+}、Zn^{2+} 等。最常见的 Mg^{2+} 和 Fe^{2+} 形成镁橄榄石 Forsterite 和铁橄榄石 Fayalite 为端员组分的完全类质同象系列。石榴子石族矿物类质同象发育广泛，有完全置换，也有不完全置换。自然界基本上无纯端员矿物存在，都是若干端员矿物的类质同象混晶。蓝晶石族矿物具有相同的成分 Al_2SiO_5，包括蓝晶石 $Al^{VI}Al^{VI}[SiO_4]O$、红柱石 $Al^{VI}Al^V$ $[SiO_4]O$ 和矽线石 $Al^{VI}[Al^{IV}SiO_5]$ 三个同质多象变体。其中，矽线石属链状硅酸盐矿物亚类，考虑到三者成分一致、关系密切，因此一并叙述。十字石族矿物主要包括十字石和黄玉。绿帘石族矿物化学式可用 $A_2B_3[SiO_4][Si_2O_7]O(OH)$ 表示，其中 A 主要为 Ca^{2+}，B 主要为 Al^{3+}、Fe^{3+}、Mn^{3+}。A 和 B 之间可以相互置换。主要矿物种有绿帘石、黝帘石、红帘石、褐帘石等，以绿帘石分布最广。

限于篇幅的原因，这里主要介绍锆石、橄榄石、石榴子石、蓝晶石、红柱石、矽线石、十字石和绿帘石。

10.2.1 锆石 (Zircon)

【化学组成】化学式为 Zr[SiO₄]。理论值为含 ZrO₂ 67.22%、含 SiO₂ 32.78%。常含有 Hf、Th、U、Pb、RE 等类质同象混入物，当含混入物达到一定程度时则形成某些变种，如铪锆石、山口石（富含 RE 及 P₂O₅）、铍锆石等。另外，含水者称水锆石。由于锆石含有放射性元素，因而可发生非晶化，随着非晶化作用由弱到强，锆石可转变为变锆石、曲晶石（放射性使晶面弯曲）等。从基性岩到酸性岩所形成锆石的 Zr/Hf 比值有增大趋势。

【晶体结构】晶体结构如图 10-9(a) 所示。空间群 I4₁/amd，属四方晶系。晶胞参数 $a=6.607$Å、$c=5.982$Å，晶胞含 ZrSiO₄ 分子式数 $Z=4$。

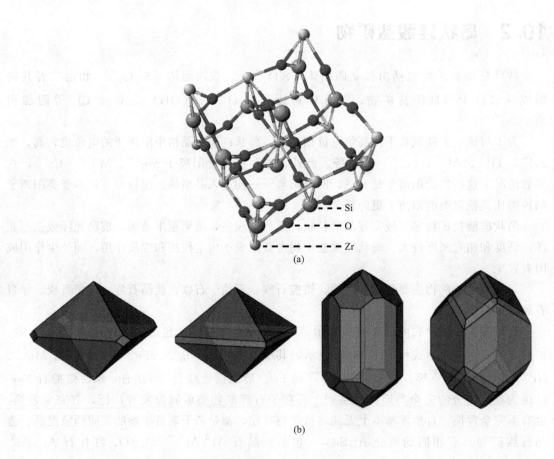

图 10-9　锆石晶体结构（a）和锆石晶体形态（b）

【形态】锆石的晶体形态如图 10-9(b) 所示。可由 {101} 与 {301}、{100}、{110} 形成四方柱与四方双锥组成的单晶体。呈柱状或四方双锥状。中基性岩浆岩中锆石的柱面发育而锥面不发育；酸性岩浆岩中锆石的柱面和锥面均较发育；碱性岩中锆石的柱面很不发育或不存在。因而锆石的晶形可作为标型特征。

【物理性质】纯净者无色，因含混入物而常呈黄、褐黄、褐黑等色。条痕呈白色。金刚光泽，断口呈油脂光泽，透明。具 {110} 和 {111} 不完全解理，硬度为 7.5，具脆性。相对密度为 4.6～4.7。常具弱放射性，含 U、Th 的锆石因放射性较强而产生非晶质化现象，硬度可降至 6，相对密度可降至 3.8。X 射线照射下发黄色，阴极射线下发弱的黄色光，紫外线下发明亮的橙黄色光。在紫外线照射下有时发金黄色荧光。

【成因产状】锆石在各种岩浆岩中均作为副矿物产出；在碱性岩和碱性伟晶岩中可富集成矿；锆石的化学性质稳定，因而经常以陆源碎屑形式出现在沉积物或沉积岩中；在变质岩中锆石一般为原岩的残留矿物。

不同时代、不同种类的岩体中所产生的锆石，其形态（单形及长宽比）、颜色、杂质元素的种类和含量以及非晶质化的程度均有所差异，因此锆石常用以探讨花岗岩类岩石成因，研究岩体是否同期同源；了解沉积岩中碎屑物质来源，进行地层对比和作为探讨变质岩石原岩性质等的标志。

著名的产地有挪威南部和俄罗斯乌拉尔。锆石也常富集于砂矿中。世界上重要的宝石级的锆石产于老挝、柬埔寨、缅甸、泰国等地。作为矿产资源，我国除华南的锆石冲积砂矿和沿海的锆石海滨砂矿外，在新疆、内蒙古等地的伟晶岩中亦有锆石产出。

【鉴定特征】锆石以晶形、硬度、发光性和弱放射性等为其鉴定特征。锆石与金红石、锡石很相似但锆石化学性质更稳定，它完全不溶于热磷酸（金红石粉末可溶，并有 Ti 的反应），在锌板上与盐酸也无反应（锡石可产生 Sn 膜）。

【主要用途】锆石是提炼锆和铪的最重要的矿物原料，主要用于化学工业和核反应堆工业。锆石极耐高温和耐酸腐蚀，并主要用于铸造工业、陶瓷、玻璃工业以及用于制造耐火材料、航天器的绝热材料；也用于铁合金、医药、油漆、制革和磨料。色泽绚丽、透明无瑕的锆石亦是一种宝石资源。另外，通过测定锆石的放射性年龄可以获得岩石的形成时代。

10.2.2　橄榄石 (Olivine)

【化学组成】化学式为 $(Mg, Fe)_2[SiO_4]$。镁橄榄石 $Mg_2[SiO_4]$ 和铁橄榄石 $Fe_2[SiO_4]$ 为完全类质同象系列。纯镁橄榄石理论值为含 MgO 57.29%、含 SiO_2 42.71%；纯铁橄榄石理论值为含 FeO 70.51%、含 SiO_2 29.49%。自然界的橄榄石成分介于二者之间，一般以含 Mg 为主。此外常含 Ni、Co、Mn、Ca 等类质同象混入物。

【晶体结构】晶体结构如图 10-10(a) 所示，图中 Mg 被 Fe 完全取代则为铁橄榄石。空间群 Pnma，属正交晶系。晶胞含分子式数 $Z=4$。晶胞参数：镁橄榄石 $a=4.762$Å、$b=10.211$Å、$c=5.983$Å；铁橄榄石 $a=4.802$Å、$b=10.596$Å、$c=6.162$Å。

【形态】橄榄石晶体形态如图 10-10(b) 所示。单晶体常由 {010}、{021} 和 {110} 等构成近于粒状的短柱状、厚板状。通常呈他形粒状集合体或呈分散粒状分布于其他矿物颗粒间。

【物理性质】黄绿色（橄榄绿色）或灰黄绿色，随含铁量的增加颜色可达深绿色至黑色。条痕呈白色，玻璃光泽，透明。具 {100} 和 {010} 不完全解理，贝壳状断口，硬度为 7。相对密度为 3.22～3.5。

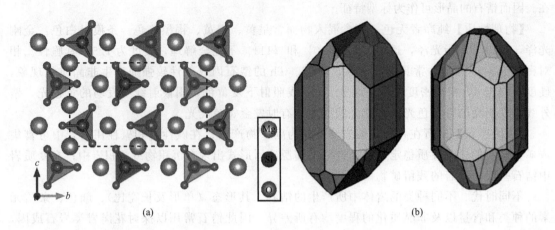

图 10-10 橄榄石晶体结构 (a) 和橄榄石晶体形态 (b)

【成因产状】橄榄石是地幔岩的主要组成矿物之一;镁橄榄石还是石陨石和石铁陨石的主要成分。在地壳中橄榄石主要由 SiO_2 不饱和的岩浆结晶而成,不与石英共生,主要产于富铁镁的辉长岩、橄榄岩和玄武岩等基性、超基性岩中,常与辉石、斜长石、磁铁矿、铬铁矿等共生。另外,橄榄石还见于接触变质岩和区域变质岩中。在热液作用下,橄榄石易蚀变为蛇纹石和滑石。

优质橄榄石的世界著名产地有中国吉林敦化意气松林区和缅甸抹谷地区、巴西、红海中埃及圣约翰岛、意大利的维苏威火山、挪威的斯纳鲁姆、德国的艾费尔地区、美国的亚利桑那州、新墨西哥州等。其中我国吉林敦化、河北张家口、山西天镇均有宝石级橄榄石产出。

【鉴定特征】橄榄石以近于粒状晶形、橄榄绿色、高硬度和产状为其主要的鉴定特征。橄榄石与绿帘石的区别是后者沿 b 轴延伸呈长柱状形态并具有较好的解理。

【主要用途】镁橄榄石可做耐火材料,其熔点达 $1890°C$;透明纯净的绿色橄榄石是宝石矿物之一,橄榄石颜色艳丽悦目,给人心情舒畅和幸福的感觉,故被誉为"幸福之石"。

10.2.3 石榴子石 (Garnet)

【晶体结构】晶体结构模型如图 10-11 所示。空间群 $Ia\bar{3}d$,属立方晶系。晶胞参数 $a = 11.459\text{Å} \sim 12.460\text{Å}$;晶胞含分子式数 $Z = 8$。

【化学组成】化学式为 $A_3B_2[SiO_4]_3$。其中,A 代表 Mg^{2+}、Fe^{2+}、Mn^{2+}、Ca^{2+} 等二价阳离子,B 代表 Al^{3+}、Fe^{3+}、Cr^{3+} 等三价阳离子。除此之外,还可含 Ti、Zr、Y、K、Na 等。

按阳离子间的类质同象关系可将该族矿物分为以下两个系列。

① 铝质石榴子石系列——其化学通式为 $(Mg, Fe^{2+}, Mn^{2+})_3Al_2[SiO_4]_3$,包括镁铝榴石 (Pyrope) $Mg_3Al_2[SiO_4]_3$、铁铝榴石 (Almandite) $Fe_3Al_2[SiO_4]_3$、锰铝榴石 (Spessartine) $Mn_3Al_2[SiO_4]_3$。其共同特点是三价阳离子为半径较小的 Al^{3+},二价阳离子

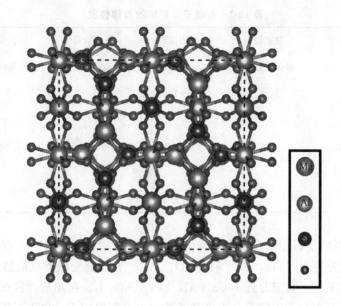

图 10-11　石榴子石晶体结构

Mg^{2+}、Fe^{2+} 和 Mn^{2+} 间为完全类质同象。

② 钙质石榴子石系列——其化学通式为 $Ca_3(Al^{3+}，Fe^{3+}，Cr^{3+})_2[SiO_4]_3$，包括钙铝榴石（Grossular）$Ca_3Al_2[SiO_4]_3$、钙铁榴石（Andradite）$Ca_3Fe_2[SiO_4]_3$、钙铬榴石（Uvarovite）$Ca_3Cr_2[SiO_4]_3$ 等。其共同特点是二价阳离子为半径较大的 Ca^{2+}，三价阳离子 Al^{3+}、Fe^{3+} 和 Cr^{3+} 间为完全类质同象。

在石榴子石族矿物的晶体结构中，孤立硅氧四面体被三价阳离子联结成牢固的骨架，二价阳离子充填于骨架空隙中。因此，其硬度大，抗风化能力远远超过单纯由二价阳离子联结的橄榄石族矿物。

由于石榴子石族各矿物种具有相同的形态、相似而彼此过渡的性质，因此这里将其进行合并描述。

【形态】单晶体常呈完好的菱形十二面体、四角三八面体及两者的聚形（见图 10-12），在菱形十二面体晶面上，常见平行长对角线的聚形纹；集合体常呈粒状和块状。

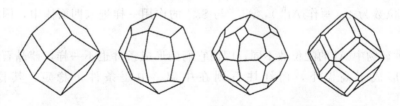

图 10-12　石榴子石的晶体形态

【物理性质】颜色不一，常呈红、褐、绿、黑等色。条痕呈白色或略带淡黄褐色。玻璃光泽，断口为油脂光泽，透明或半透明。性脆，无解理，硬度为 6.5～7.5。相对密度为 3.1～4.3。端员矿物的物理性质见表 10-2。

表 10-2　石榴子石矿物的物理性质

矿物种	镁铝榴石	铁铝榴石	锰铝榴石	钙铝榴石	钙铁榴石	钙铬榴石
颜色	血色或玫瑰色	褐色或近黑色	橘或褐红	褐或深红	褐红	鲜绿色
硬度	7.5	7~7.5	7~7.5	6.5~7	7	7.5
密度	3.71	4.32	4.18	3.59	3.83	3.78
折射率	1.714	1.830	1.800	1.734	1.887	1.86
解理	无解理					
光泽	玻璃光泽,断口油脂光泽					

【成因产状】石榴子石主要产于变质岩中。在区域变质各种片岩中,石榴子石主要为铝系石榴子石,其成分近于 $(Mg,Fe)_3Al_2[SiO_4]_3$;产于接触变质形成的矽卡岩中的石榴子石主要为钙系石榴子石,其成分近于 $Ca_3(Al,Fe)_2[SiO_4]_3$;在超基性岩石和高压变质带的榴辉岩中的石榴子石常为镁铝榴石;含铬超基性岩可见钙铬榴石。由于石榴子石硬度高、化学性质稳定,因而常见于砂矿或碎屑沉积物中。热液蚀变或强烈风化作用可使石榴子石转变成绿泥石、绢云母、褐铁矿等。

【鉴定特征】石榴子石以等轴状晶形、断口上呈油脂光泽、无解理、高硬度为其鉴定依据。其矿物种或精确成分的确定需借助于专业的材料表征分析仪器。

【主要用途】最常见的变质岩造岩矿物。亦可做研磨材料。透明色美者可做宝石。

10.2.4　Al_2SiO_5 系列

本系列矿物包括蓝晶石 $Al^{VI}Al^{VI}[SiO_4]O$、红柱石 $Al^{VI}Al^{V}[SiO_4]O$ 和矽线石 $Al^{VI}[Al^{VI}SiO_5]$ 三个同质多象变体。蓝晶石、红柱石和矽线石晶体结构的共同点是 Si^{4+} 均与 O^{2-} 结合形成硅氧四面体,半数的 Al^{3+} 与 O^{2-} 结合形成铝氧配位八面体(Al^{3+} 的配位数为 6,写作 Al^{VI})。另半数的 Al^{3+} 的配位情况不同。蓝晶石中另半数 Al^{3+} 的配位数仍为 6,形成铝氧配位八面体,蓝晶石为铝的硅酸盐;红柱石中另半数 Al^{3+} 的配位数为 5(写作 Al^{V}),形成三方双锥状 $[AlO_5]$ 配位多面体,红柱石亦为铝的硅酸盐;矽线石中另半数 Al^{3+} 的配位数为 4(写作 Al^{IV}),Al^{3+} 与 Si^{4+} 的作用一样进入四面体中,因而矽线石为铝硅酸盐。

由于三种矿物中 Al 的配位数不同,因而它们的形成条件也不一样,蓝晶石形成于高压下,矽线石形成于高温下,而红柱石则在中温、中压条件下稳定,其稳定范围详见图 10-13。

在这三种矿物的结构中,平行 Z 轴方向都存在牢固的 Al—O 八面体链。因此,虽然蓝晶石和红柱石为岛状硅酸盐矿物,但它们和矽线石一样都具有平行 Z 轴延长的柱状、针状、板条状等形态。

10.2.4.1　蓝晶石 (Kyanite)

【化学组成】化学式为 $Al_2[SiO_4]O$。理论值为含 Al_2O_3 62.92%、含 SiO_2 37.08%。含

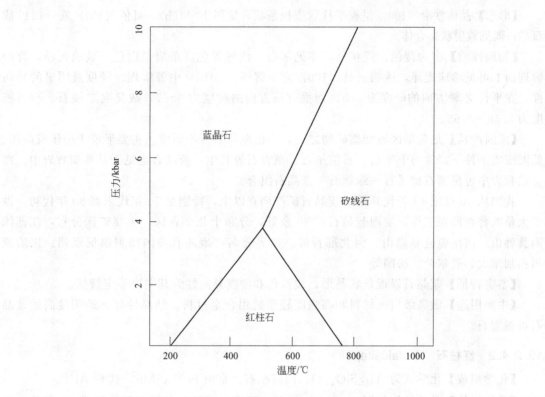

图 10-13 Al_2SiO_5 的三个同质多象变体矿物稳定存在的温度—压力范围

少量 Cr^{3+}、Fe^{3+}（代替 Al^{3+}）、Ca^{2+}、Mg^{2+}、Fe^{2+}、Ti^{4+} 等混入物。

【晶体结构】晶体结构如图 10-14（a）所示。空间群 $P\bar{1}$，属三斜晶系。晶胞参数 $a = 7.126\text{Å}$、$b = 7.852\text{Å}$、$c = 5.572\text{Å}$、$\alpha = 89°59'$、$\beta = 101°7'$、$\gamma = 106°$，晶胞含 Al_2SiO_5 分子式数 $Z = 4$。

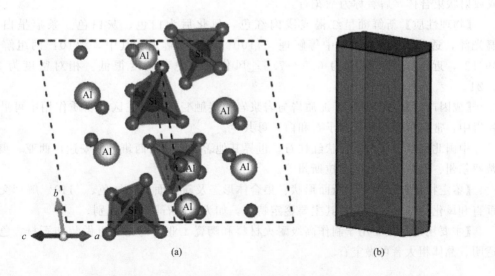

图 10-14 蓝晶石晶体结构（a）和蓝晶石晶体形态（b）

【形态】晶体常沿 {100} 呈板平柱状或板条状，见图 10-14(b)，可依 {100} 或 {12$\bar{1}$} 成双晶；偶见放射状集合体。

【物理性质】多为蓝色、蓝灰色，亦见灰白、浅绿等色。条痕呈白色。玻璃光泽，有的解理面上可见珍珠光泽，透明。具 {100} 完全解理、{010} 中等解理。硬度具明显的异向性，在平行 Z 轴方向的硬度为 4.5，而垂直该方向的硬度为 6～7，故又名二硬石。相对密度为 3.56～3.68。

【成因产状】是典型区域变质矿物之一，多由泥质岩变质而成。主要形成于中压或高压、低温变质条件下，常与十字石、石榴子石、堇青石等共生；蓝晶石也见于某些榴辉岩中。在金伯利岩中可见到石榴子石—绿辉石—蓝晶石组合。

我国从 20 世纪 40 年代开始对蓝晶石矿产调查以来，特别是 70 年代末到 80 年代初，做了大量的普查勘探工作，发现蓝晶石矿 20 余处，分布十几个省区，主要矿床分布：江苏沭阳县韩山、河南鹿邑县隐山、河北邢台等。世界著名产地还有美国加利福尼亚州、佐治亚州；加拿大、爱尔兰、法国等。

【鉴定特征】蓝晶石以板条状晶形、浅蓝色和硬度异向性为其主要鉴定特征。

【主要用途】做高级耐火材料和高强度轻质硅铝合金材料。结晶性好、透明度高的蓝晶石可做宝石。

10.2.4.2 红柱石 (Andalusite)

【化学组成】化学式为 $Al_2[SiO_4]O$。同蓝晶石。常由 Fe^{3+}、Mn^{3+} 代替 Al^{3+}。

【晶体结构】晶体结构如图 10-15(a) 所示，图中铝原子存在两种配位形式，6 配位：青绿色，5 配位：浅蓝色。空间群 Pnnm，属正交晶系。晶胞参数 $a = 7.798$Å、$b = 7.903$Å、$c = 5.556$Å；晶胞含分子式数 $Z = 4$。

【形态】红柱石晶体形态如图 10-15(b) 所示。晶体常由 {110} 和 {001} 晶面构成柱状，横断面近于正方形。常由斜方柱、平行双面组成聚形。某些红柱石由于在生长过程中捕获了部分泥质和碳质而在横断面上呈黑十字状定向排列，这种红柱石称为空晶石。常呈柱状或放射状集合体，后者称为菊花石。

【物理性质】新鲜面呈红褐或浅肉红色，风化后为白色、灰白色。条痕呈白色，玻璃光泽，透明。具 {110} 中等解理、{100} 不完全解理，其中，{110} 两组解理夹角 89°12′，近于正交。硬度为 6.5～7.5；风化成白色者硬度很低。相对密度为 3.13～3.21。

【成因产状】主要形成于泥质岩与岩浆岩的接触变质带。在区域变质作用中可见于泥质片岩中，常与堇青石、石榴子石和白云母共生。

中国北京西山盛产放射状红柱石。世界其他著名产地有西班牙的安达卢西亚、奥地利的蒂罗尔州、巴西的米纳斯吉拉斯州等。

【鉴定特征】以晶形、断面形状、集合体形态及新鲜面的淡红色、{110} 解理交角近于垂直和风化后的灰白色等为其主要鉴定特征，如为空晶石则更易识别。

【主要用途】主要用于制作高级耐火材料和陶瓷工业，菊花石可做装饰石材。色泽好且透明、晶体粗大者可做宝石。

10.2.4.3 矽线石 (Sillimanite)

【化学组成】化学式为 $Al[AlSiO_5]$，同蓝晶石。为纪念美国化学家本杰明·希利曼

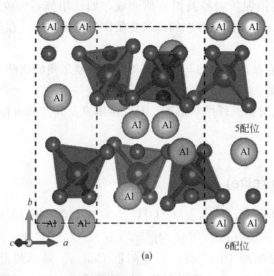

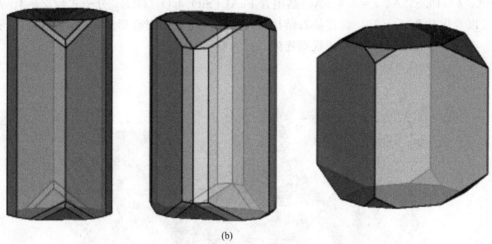

图 10-15　红柱石晶体结构 (a) 和红柱石晶体形态 (b)

(Benjamin·Silliman) 而得名。

【晶体结构】晶体结构如图 10-16 所示，图中铝
原子存在两种配位形式，6 配位：绿色，4 配位：浅
蓝色。空间群 Pbnm，属正交晶系。晶胞参数 $a=$
4.652Å、$b=8.803$Å、$c=8.409$Å，晶胞含 Al_2SiO_5
分子式数 $Z=4$。

【形态】晶体呈长柱状、针状或棒状，罕见。常
呈针状、纤维状或放射状集合体，也可呈毛发状包裹
体存在于石英、长石中。

【物理性质】通常为无色、灰白色或浅褐色。条
痕呈白色，玻璃光泽，透明。具 {010} 完全解理。
硬度为 6.5～7.5。相对密度为 3.23～3.27。

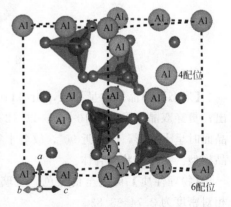

图 10-16　矽线石晶体结构

【成因产状】典型的富铝泥质岩经高温变质而成，如铁铝榴石—矽线石—黑云母片岩、矽线石—堇青石片麻岩等。为变质相带中的高级变质作用指示矿物。在贫硅岩石中矽线石可与刚玉伴生。

世界著名的产地有捷克波西米亚的马尔道、奥地利蒂罗尔州的法萨、巴西的米纳斯吉拉斯州、美国的新罕布什尔等。

【鉴定特征】针状、放射状或纤维状形态，具完全解理及其产状可作为鉴定特征。

【主要用途】同蓝晶石。

10.2.5 十字石 (Staurolite)

【化学组成】化学式为 $FeAl_4[SiO_4]_2O_2(OH)_2$。理论上含 FeO 16.9%、Al_2O_3 53.8%、SiO_2 28.2%、H_2O 1.1%。其中 Fe^{2+} 可被 Mg^{2+}、Co^{2+}、Zn^{2+} 替代；Al^{3+} 可被 Fe^{3+} 替代。

【晶体结构】晶体结构如图 10-17 所示。空间群 Cmcm，属单斜晶系。晶胞参数 $a=7.840Å$、$b=16.552Å$、$c=5.649Å$，晶胞含 $FeAl_4[SiO_4]_2O_2(OH)_2$ 分子式数 $Z=4$。晶体结构可以看作是平行 {010} 面蓝晶石结构层，与氢氧化铁层交叠形成，这就使得蓝晶石的 {100} 面依十字石的 {010} 面成规则连生。

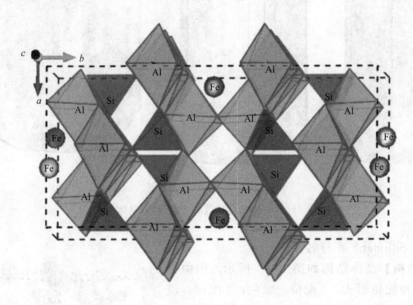

图 10-17 十字石晶体结构

【形态】单晶体常呈柱状，由 {110}、{010} 和 {001} 等晶面构成。有时也呈粒状产出；贯穿双晶常见（图 10-18）。以 {231} 为双晶面时为 X 形，交角近 60°，以 {031} 为双晶面时呈十字形，交角近 90°，故名十字石。偶见同时具有 {031} 和 {231} 的空间贯穿多晶构型。常呈粒状集合体。

【物理性质】褐色至褐黑色。玻璃光泽。具 {010} 中等解理，硬度为 7~7.5，质脆。相对密度为 3.74~3.83。

【成因产状】主要是泥质岩区域变质作用产物，见于片岩中，与铝质石榴子石、白云母

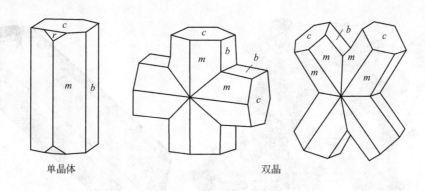

图 10-18　十字石的单晶和贯穿双晶

平行双面 $b\{010\}$，$c\{001\}$，斜方柱 $m\{110\}$，$r\{101\}$

和黑云母共生。一般被认为是中级变质作用标型矿物。形成于低级变质作用中的绿泥石在中级变质条件下变成十字石；当十字石处于高级变质时将转变成矽线石和石榴子石。在少数接触变质岩中亦可见十字石。

世界著名产地主要为巴西、瑞士和美国。

【鉴定特征】十字石的双晶形态最具特征；无双晶时可根据斜方柱状晶形（断面常呈近菱形）、红褐色和高硬度鉴别。粒状者与橄榄石、石榴子石相似，可据产状、特征判别之。

【主要用途】中级区域变质产物，故具有标型意义。

10.2.6　绿帘石 (Epidote)

【化学组成】化学式为 $Ca_2(Al，Fe)_3[Si_2O_7][SiO_4]O(OH)$。成分在 $Ca_2Al_2Fe[SiO_4][Si_2O_7]O(OH)$ 和 $Ca_2Al_3[SiO_4][Si_2O_7]O(OH)$ 之间变化。当含 Fe_2O_3 达 5％以上，即化学式中 Fe 原子数达 0.3 以上时为绿帘石，含 Fe 在此以下时为斜黝帘石，两者间为完全类质同象。

【晶体结构】晶体结构如图 10-19(a) 所示，结构中常有不超过 1/3 原子量的 Al 参与类质同象：$Al^{3+} \rightleftharpoons Fe^{3+}$。空间群 $P2_1/m$，单斜晶系。晶胞参数 $a=8.982Å$、$b=5.641Å$、$c=10.227Å$，$\beta=115°24'$，晶胞中含分子式数 $Z=2$。

【形态】绿帘石晶体形态如图 10-19(b) 所示。单晶体沿 Y 轴延长成柱状，柱面上常有纵纹。常呈粒状、柱状、放射状或块状集合体。

【物理性质】黄绿至黑绿色，含 Fe 高者颜色加深，晶粒越细颜色越浅。条痕呈白色或略带淡黄绿色。玻璃光泽，透明。具 $\{001\}$ 完全解理。硬度为 6～6.5，质脆。相对密度为 3.38～3.49，随含铁量增加而加大。

【成因产状】绿帘石为绿帘石化的产物，即由原来的岩浆岩及部分变质岩和沉积岩中的某些组分经热液蚀变而成；在区域变质岩中绿帘石主要见于绿片岩中。

主要产地有美国阿拉斯加州、爱达荷州、科罗拉多州，法国，墨西哥，瑞士，奥地利，巴基斯坦等国家和地区。其中法国布贺多桑思盛产迷人的绿帘石晶石。我国河北邯郸亦产结

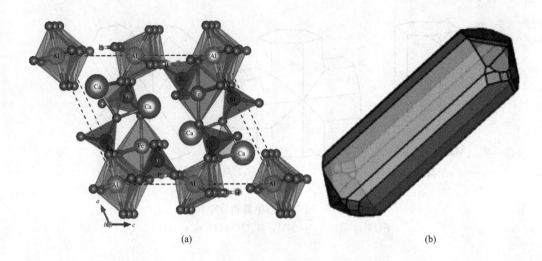

图 10-19 绿帘石晶体结构 (a) 和绿帘石晶体形态 (b)

晶粗大的绿帘石。

【鉴定特征】以常具黄绿或深绿色柱状晶体及柱面上的纵纹、强玻璃光泽、{001} 完全解理、高硬度为其主要鉴定特征。绿帘石与闪石的区别在于前者仅有一组解理；与橄榄石的区别是形态和产状不同，橄榄石一般不具完好晶形，也很少出现解理；与同族矿物的区别应以光性特征确定。

【主要用途】色泽鲜艳、透明、晶粒粗大者做宝石。

10.3 环状硅酸盐矿物

环状硅酸盐矿物是指具环状硅氧骨干的硅酸盐矿物。环状硅氧骨干之间以阳离子 Al^{3+}、Be^{2+}、Mg^{2+} 等连接，矿物的硬度和化学稳定性较大。但因环中有较大空隙，所以本亚类矿物的相对密度并不大。本亚类以六方环 $[Si_6O_{18}]^{12-}$ 组成的矿物为主，多属三方或六方晶系。

环状硅酸盐矿物主要包括绿柱石族、堇青石族、电气石族等矿物。其中绿柱石族和电气石族矿物典型代表即为绿柱石和电气石。堇青石族矿物包括 $Mg_2Al_4Si_5O_{18}$ 的两个同质多象变体——印度石和堇青石。堇青石族矿物的晶体结构类似绿柱石，即绿柱石结构中的 Al 被 Mg 取代，而 Be 被 Al 取代；并且在环状络阴离子里有一个硅氧四面体被铝氧四面体所置换。在高温条件下六方环中的铝氧四面体作无序分布，即 Al-Si 间呈无序替代形成六方晶系的印度石；在低温条件下 Al-Si 之间呈有序替代，即铝氧四面体只能位于六方环中的特定位置而形成正交晶系的堇青石。

本节仅介绍绿柱石、堇青石和电气石。

10.3.1 绿柱石 (Beryl)

【化学组成】化学式为 $Be_3Al_2[Si_6O_{18}]$。理论值为含 BeO 13.96%、含 Al_2O_3

18.97%、含 SiO_2 67.07%。常含少量 Na^+、K^+、Rb^+、Cs^+、Li^+ 等碱金属离子和 H_2O 等分子。

【晶体结构】晶体结构如图 10-20（a）所示。空间群 P6/mcc，属六方晶系。晶胞参数 $a=9.218\text{Å}$、$c=9.192\text{Å}$，晶胞含 $Be_3Al_2[Si_6O_{18}]$ 分子式数 $Z=2$。

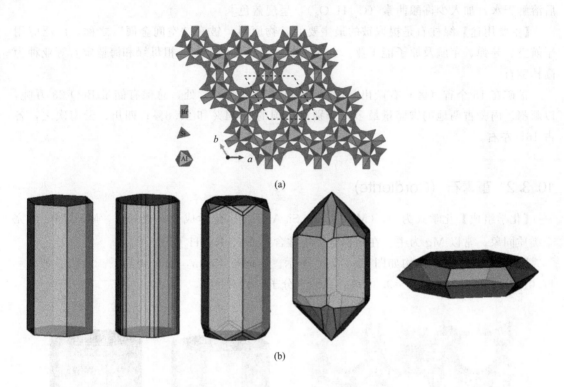

(a)

(b)

图 10-20　绿柱石晶体结构（a）和绿柱石晶体形态（b）

【形态】单晶体为六方柱状，常呈由六方柱、六方双锥和平行双面等组成的聚形，如图 10-20(b) 所示。柱面上有时细纵纹，低温成因者呈板状。常见柱状、放射状或不规则块体集合体。

【物理性质】多呈不同色调的绿色，也有白色、黄色或淡红色者。玻璃光泽，透明或半透明。具 {10$\bar{1}$0} 和 {0001} 不完全解理。硬度为 7.5～8.0，性脆，常见贝壳状断口。相对密度 2.63～2.92，一般随碱金属含量的增加而升高。

随其所含杂质不同可划分为不同亚种——纯绿宝石（祖母绿，Emerald）：翠绿、透明，含微量元素 Cr^{3+}、V^{3+}；海蓝宝石（蓝晶，Aquamarine）：蔚蓝色、透明，含碱金属少而 FeO 较多；玫瑰绿柱石（铯绿柱石，Morganite）：玫瑰色、粉红色、透明，含 Cs_2O 较高；黄绿柱石（金绿柱石）：因含少量 Fe_2O_3 和 Cl 所致。

【成因产状】产于花岗岩、花岗伟晶岩及云英岩、高温热液矿脉中。花岗伟晶岩中的绿柱石有的晶体巨大，个别可重达数吨以上。常与石英、碱性长石、白云母等共生。

世界上优质的海蓝宝石主要产自巴西，占世界海蓝宝石产量的 70% 以上，迄今为止世界上最大的重达 110.5kg 的海蓝宝石晶体就产于巴西。此外，海蓝宝石的产地还有俄罗斯的乌拉尔山、中国、美国、缅甸、南非、津巴布韦、印度等。

其他绿柱石宝石在世界许多国家均有分布，但主要产地有：巴西、马达加斯加、纳米比亚、美国、中国等。我国新疆阿尔泰地区花岗伟晶岩中的绿柱石晶体质量达 60 吨。

【鉴定特征】以其六方柱状晶形、淡绿色、高硬度等为主要鉴定特征。与磷灰石的区别在于其硬度较高、在酸中不溶解，并可做 Be^{2+} 检验［将绿柱石粉末加入 KOH 熔融之，然后溶解于水，加入少许酿茜素（$C_{14}H_8O_6$），呈现蓝色］。

【主要用途】绿柱石是提取铍的最主要的矿物原料。铍有"空间金属"之称，广泛应用于航空、导弹、宇航及原子能工业。色泽美丽透明者可做宝石。祖母绿和海蓝宝石等亚种为高档宝石。

铍矿在 15 个省（区）有产出，已探明储量的矿区有 77 处，总保有储量 BeO 23 万吨，以新疆、内蒙古两地的铍储量最多，分别占全国的 29.4％ 和 27.8％；四川、云南次之，各占 16％ 左右。

10.3.2 董青石 (Cordierite)

【化学组成】化学式为 $Al_3(Mg, Fe)_2[Si_5AlO_{18}]$。化学成分不很固定，Mg 与 Fe 为完全类质同象，常以 Mg 为主。在结构空隙中常含有 Na、K、H_2O 等。

【晶体结构】晶体结构如图 10-21(a) 所示。空间群 Cccm，属正交晶系。晶胞参数 $a=17.079Å$、$b=9.730Å$、$c=9.356Å$，晶胞含分子式数 $Z=4$。

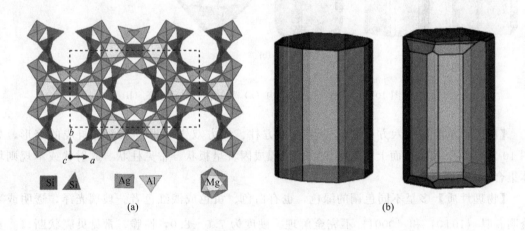

图 10-21 董青石晶体结构 (a) 和董青石晶体形态 (b)

【形态】董青石晶体形态如图 10-21(b) 所示。董青石常依 {110}、{130}、{001} 形成短柱状单晶体，因高温时为六方晶系，故常呈假六方柱状晶形。常呈致密块状集合体或星散粒状分布。

【物理性质】无色透明或灰色，常带浅蓝、浅紫、黄褐色调。玻璃光泽，断口呈油脂光泽，透明或半透明。具 {100} 中等解理及 {010}、{001} 不完全解理。硬度为 7.0～7.5，质脆，断口为贝壳状。相对密度为 2.53～2.78。

【成因产状】董青石主要为变质成因。一般出现于富 Al、Mg 而贫 Ca 的泥质岩受岩浆侵入而形成的角岩中。形成于区域变质作用的董青石主要见于片岩、片麻岩中，与矽线石、黑云母、闪石、斜长石等共生。

董青石的主要产地为巴西、印度、斯里兰卡、缅甸、马达加斯加，中国台湾的兰屿也有少量的发现。

【鉴定特征】以常呈蓝色区别于相似矿物石英。当色浅并呈块状或粒状时，难与石英区别。确切鉴别需在显微镜下进行。

【主要用途】董青石具有热膨胀系数小的特性，用于陶瓷、玻璃工业。透明者可做宝石。

10.3.3　电气石　(Tourmaline)

【化学组成】电气石族矿物的化学通式为 $NaR_3Al_6[Si_6O_{18}](BO_3)_3(OH，F)_4$。该族矿物包括电气石的几个类质同象系列的端员矿物，其中主要有锂电气石、黑电气石和镁电气石。一般化学式中的 R 为 Mg^{2+} 时，称镁电气石；R 为 Fe^{2+} 时，称黑电气石；R 为（Li^+ + Al^{3+}）时，称锂电气石。

黑电气石与镁电气石之间及黑电气石与锂电气石之间，均为完全类质同象；但锂电气石与镁电气石之间则为不完全类质同象。

锂电气石 Elbaite——$Na(Li，Al)_3Al_6[Si_6O_{18}][BO_3]_3(OH)_4$；

黑电气石 Schorl——$NaFe_3Al_6[Si_6O_{18}][BO_3]_3(OH)_4$；

镁电气石 Dravite——$NaMg_3Al_6[Si_6O_{18}][BO_3]_3(OH)_4$。

因上述三个矿物种主要特征极为相似，故一并描述之。

除化学式中的主要成分外，由于阳离子类质同象广泛发育使其化学成分及其相对含量变化较大，常见类质同象替代有：$Mg^{2+} \rightleftharpoons Fe^{2+}$；$2Fe^{2+}(Mg^{2+}) \rightleftharpoons Li^+ + Al^{3+}$、$Fe^{2+} \rightleftharpoons Mn^{2+}$；$Fe^{3+} \rightleftharpoons Al^{3+}$；$Na^+ + Al^{3+} \rightleftharpoons Ca^{2+} + Mg^{2+}$。此外，还常出现少量 Cr^{3+}、V^{3+}、Ti^{4+}、K^+ 等。

【晶体结构】晶体结构如图 10-22(a) 所示。空间群 R3m，属三方晶系。晶胞参数 a = 15.840Å、c = 7.102Å（锂电气石），a = 16.038Å、c = 7.156Å（黑电气石），a = 15.946Å、c = 7.226Å（镁电气石），晶胞含分子式数 Z = 3。

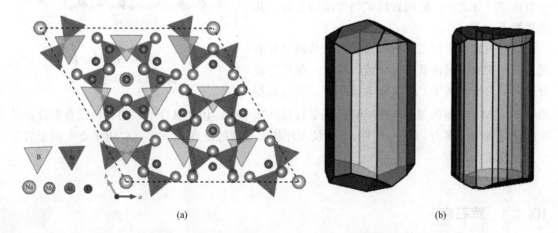

图 10-22　镁电气石晶体结构（a）和电气石晶体形态（b）

【形态】电气石晶体形态如图 10-22（b）所示。单晶体常呈柱状，主要由三方柱、六方柱、三方单锥构成的聚形常见，晶体两端晶面不同，柱面上常发育纵纹，横断面呈弧线三角形。常见棒状、放射状、束针状集合体，亦见致密块状集合体。

【物理性质】颜色随成分变化而异，富含 Fe 者呈黑色，富含 Li、Mn 和 Cs 者多呈玫瑰色，富含 Mg 者常呈褐色和黄色，富含 Cr 者呈深绿色，有的电气石呈白色及淡绿色、浅蓝色等。条痕呈白色。玻璃光泽。无解理，偶见垂直 Z 轴的裂理。硬度为 7～7.5。相对密度为 2.9～3.2（随 Fe、Mn 含量增加而增大）。具压电性和热电性。

【成因产状】常见于花岗伟晶岩、气化—高温热液矿脉和云英岩中。电气石常为黑电气石—锂电气石系列。在大理岩和片岩等变质岩中，由交代作用形成的电气石则属黑电气石—镁电气石系列。

【鉴定特征】柱状晶形、柱面有纵纹、横断面呈弧线三角形、无解理、高硬度为其主要鉴定特征，可与普通角闪石、绿柱石、黄玉等区别。

【主要用途】电气石具有压电性，广泛用于电子工业。色泽美丽者可做宝石，称碧玺。

10.4 链状硅酸盐矿物

链状硅酸盐矿物，是指具链状硅氧骨干的硅酸盐矿物。该亚类矿物在化学成分和晶体结构上有下列特点——硅氧骨干呈一向延伸，以辉石式单链 $[Si_2O_6]^{4-}$ 和闪石式双链 $[Si_4O_{11}]^{6-}$ 最常见（图 10-23）；各硅氧骨干互相平行，链与链间靠金属阳离子连接；每个硅氧四面体分担的负电价较低；阳离子的正电价也相应较低，主要为 Ca^{2+}、Mg^{2+}、Fe^{2+}、Mn^{2+} 等离子，Al^{3+}、Fe^{3+}、Ti^{3+} 等三价离子主要和 Na^+、Li^+ 等一价离子一并进入晶格，很少单独与络阴离子组成链状硅酸盐；硅氧骨干中常出现 Al 替代 Si 的现象，Al 替代 Si 的量一般小于三分之一；除闪石族矿物含结构水外，其他矿物不含 H_2O。

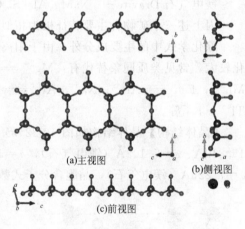

(a)主视图　(b)侧视图
(c)前视图

图 10-23　辉石式单链和闪石式双链的投影

该亚类矿物在形态和物理性质上的共同之处表现为——矿物常呈柱状、针状或纤维状；颜色随成分而异，含惰性离子 Ca、Mg 者颜色浅，含过渡型离子 Fe、Mn 者颜色深；具玻璃光泽；平行柱（即平行链状硅氧骨干）的方向发育解理；矿物的硬度较大（多为 5～6），但小于岛状和环状硅酸盐的硬度。该亚类矿物主要形成于岩浆作用和变质作用。

10.4.1 辉石族

该族矿物是具辉石式络阴离子的链状硅酸盐矿物。其化学通式为 $XY[Z_2O_6]$。X 代表

Li^+、Na^+、Ca^{2+}、Mg^{2+}、Fe^{2+}；Y 代表 Mg^{2+}、Fe^{2+}、Mn^{2+}、Al^{3+}、Fe^{3+}、Ti^{3+}；Z 代表 Si^{4+}、Al^{3+}。

该族可按晶系分为斜方（正交）辉石和单斜辉石两矿物亚族。斜方辉石亚族化学成分中 X、Y 代表半径较小的二价阳离子 Mg^{2+}、Fe^{2+}。单斜辉石亚族化学成分中 X 主要代表 Ca^{2+}、Na^+、Li^+ 等半径较大或电价较低的阳离子，Y 则代表 Mg^{2+}、Fe^{2+}、Al^{3+} 等半径较小或电价较高的阳离子。

在辉石晶体结构中，辉石式硅氧骨干平行 Z 轴排列，阳离子位于骨干之间。辉石族矿物的两组解理产生于 {hk0} 方向，彼此相交近于 90°（87°和 93°左右）。

辉石族矿物主要分斜方辉石亚族和单斜辉石亚族。其中单斜辉石亚族矿物是由顽火辉石 $Mg_2[Si_2O_6]$ 和铁辉石 $Fe_2[Si_2O_6]$ 两个端员组分构成的完全类质同象系列。该系列中含 $Mg_2[Si_2O_6]>50\%$分子者称顽火辉石，而 $Fe_2[Si_2O_6]>50\%$分子者称铁辉石。

单斜辉石亚族矿物包括透辉石、钙铁辉石、普通辉石、霓石、硬玉和锂辉石等。其中，透辉石 $CaMg[Si_2O_6]$ 和钙铁辉石 $CaFe[Si_2O_6]$ 为完全类质同象系列的两端员矿物，而透辉石或钙铁辉石与霓石 $NaFe[Si_2O_6]$ 也能构成类质同象。本教材重点对霓石、硬玉和锂辉石进行介绍。

10.4.1.1　霓石　(Aegirine)

首次发现于挪威，以斯堪的纳维亚的海神艾吉尔命名。

【化学组成】化学式为 $NaFe[Si_2O_6]$。理论值为含 Na_2O 13.4%、含 Fe_2O_3 34.6%、含 SiO_2 52.0%。常含 Ca、Fe、Mg、Ti、V、Mn、K 等元素。由 $Na^+ + Fe^{3+} \Longleftrightarrow Ca^{2+} + (Mg^{2+}，Fe^{2+})$ 与普通辉石间可以形成过渡系列，其过渡矿物称霓辉石。

【晶体结构】晶体结构如图 10-24(a) 所示。空间群 C2/c，属单斜晶系。晶胞参数 $a=9.658$Å、$b=8.795$Å、$c=5.294$Å、$\beta=107°25'$，晶胞含 $NaFe[Si_2O_6]$ 分子式数 $Z=4$。

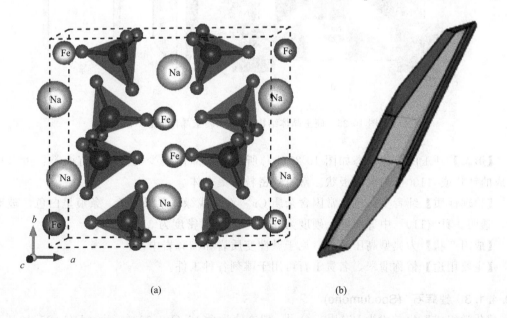

(a)　　　　　　　　　　(b)

图 10-24　霓石晶体结构（a）和霓石单晶形态（b）

【形态】霓石单晶形态如图 10-24（b）所示。单晶体呈长柱状或针状，由 {661} 和 {110} 等晶面构成，柱面上常有纵纹。多呈细柱状或放射状集合体。霓辉石则为短柱状或板状。

【物理性质】暗绿或绿黑色。条痕呈无色或淡绿色。玻璃光泽，透明。具 {110} 中等至完全解理，其夹角 87°，常有（100）裂理。硬度为 5.5～6。相对密度为 3.40～3.60。

【成因产状】碱性岩浆岩的主要造岩矿物，常与正长石、霞石等共生。在中级至高级区域变质岩中亦有产出。

【鉴定特征】以黑绿色、条痕呈淡绿色、长柱状晶形、两组近正交的解理及产状与其他辉石和闪石相区别。

【主要用途】仅具矿物学和岩石学意义。

10.4.1.2　硬玉（Jadeite）

【化学组成】化学式为 $NaAl[Si_2O_6]$。理论值为含 Na_2O 15.3%、含 Al_2O_3 25.2%、含 SiO_2 59.5%。无 Al^{3+} 置换 Si^{4+}，有少量 Fe^{3+}、Cr^{3+} 置换 Al^{3+}。

【晶体结构】晶体结构如图 10-25（a）所示。空间群 C2/c，属单斜晶系。晶胞参数 $a=9.418Å$、$b=8.562Å$、$c=5.219Å$、$\beta=107°39'$，晶胞含 $NaAl[Si_2O_6]$ 分子式数 $Z=4$。

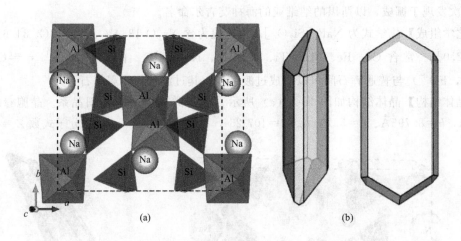

图 10-25　硬玉晶体结构（a）和硬玉晶体形态（b）

【形态】硬玉的晶体形态如图 10-25（b）所示。单晶体较少见，主要有两类：由 {110} 构成的针状或 {100} 构成的板状。常呈致密粒状集合体。

【物理性质】纯者呈白色，常因含杂质 Cr^{3+} 而呈浅绿、苹果绿色。条痕呈白色，玻璃光泽，透明。具 {110} 中等解理。硬度为 6.5～7，相对密度为 3.3～3.4。

【成因产状】为典型高压矿物，见于碱性变质岩和榴辉岩中。

【主要用途】俗称翡翠，名贵玉石可用于雕刻各种玉件。

10.4.1.3　锂辉石（Spodumene）

【化学组成】化学式为 $LiAl[Si_2O_6]$。理论值为含 Li_2O 8.03%、含 Al_2O_3 27.40%、含 SiO_2 64.57%。常含 Na^+、Fe^{3+}、Cr^{3+}、Mn^{2+} 等类质同象混入物。

【晶体结构】晶体结构如图 10-26(a) 所示。空间群 C2/c，属单斜晶系。晶胞参数 $a = 9.449\text{Å}$、$b = 8.386\text{Å}$、$c = 5.215\text{Å}$、$\beta = 110°6'$，晶胞含 $LiAl[Si_2O_6]$ 分子式数 $Z = 4$。

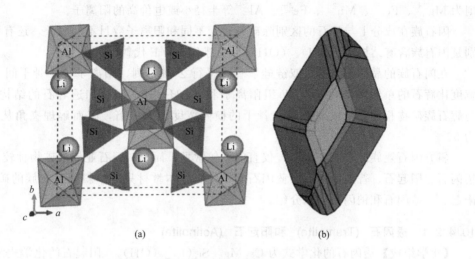

图 10-26　锂辉石晶体结构 (a) 和锂辉石晶体形态 (b)

【形态】锂辉石晶体形态如图 10-26(b) 所示。常呈柱状或板柱状（沿 Z 轴延长）晶体，柱面具纵纹。常依 {100} 成聚片双晶，常呈板柱状或粒状集合体。

【物理性质】多呈灰白、灰绿色，亦有浅黄绿、浅玫瑰色。条痕呈白色，玻璃光泽，透明。具 {110} 中等解理，夹角 87°，有时见 (100) 和 (010) 裂理。硬度为 6.5～7。相对密度为 3.1～3.2。在紫外光照射下发微弱蔷薇色或橘红色荧光。

【成因产状】稀有金属花岗伟晶岩的特征矿物之一，与长石、石英、锂云母、彩色电气石共生。受后期蚀变和风化后易变为水白云母、钠长石、多水高岭石等矿物，但往往保留其外形，称腐锂辉石，其中 Li 大部分淋失。

主要分布于巴西、马达加斯加、美国、中国新疆等地。

【鉴定特征】以颜色、板柱状晶形、解理及产状为主要鉴定特征。与相似的长石相比，锂辉石相对密度较大、硬度较高。还可根据锂辉石具 Li 的焰色反应（将矿粉与 3 倍 CaF_2 和 $KHSO_4$ 混合剂合熔后火焰染色呈鲜红色）与其他相似矿物区别。

【主要用途】提取锂的主要矿物原料。用于陶瓷和玻璃工业（做助烧剂和特种陶瓷等）。紫色和翠绿色者可做宝石。

10.4.2　闪石族

闪石族矿物皆具闪石式双链状络阴离子。其化学通式为 $W_{0～1}X_2Y_2[Si_4O_{11}](OH)_2$。其中，W 代表 Na^+、K^+、$(H_3O)^+$；X 代表 Ca^{2+}、Na^+、Li^+、Mg^{2+}、Fe^{2+}；Y 代表 Mg^{2+}、Fe^{2+}、Al^{3+}、Fe^{3+}、Mn^{2+}。

闪石族矿物亦分为斜方和单斜两个亚族。阳离子 W 在斜方闪石亚族中不存在，在单斜闪石亚族中当部分 Al^{3+} 代替 Si^{4+} 时，为平衡电荷在 W 位置有 1 价阳离子存在。

斜方闪石亚族矿物的阳离子 X 和阳离子 Y 一样均为 Mg^{2+}、Fe^{2+}、Al^{3+} 等半径较小或电价较高的阳离子。

单斜闪石亚族矿物的阳离子 X 为 Ca^{2+}、Na^+、Li^+ 等半径大或电价低的阳离子，而 Y 则为 Mg^{2+}、Fe^{2+}、Mn^{2+}、Fe^{3+}、Al^{3+} 等半径小或电价高的阳离子。

闪石族在成分上与辉石的区别除硅氧骨干不同和阳离子数目不同以外，还有一点重要区别是闪石族含有结构水（OH）。（OH）可以部分地为 F 代替。

在闪石族的晶体结构中，双链硅氧骨干平行 Z 轴排列，阳离子位于骨干间。除双链的宽度比辉石的单链加倍以及有 W 组阳离子和（OH）外，闪石和透辉石的结构基本一样。与辉石族矿物相比，由于双链硅氧骨干的横向宽度加大一倍，因而解理夹角从近于 90° 变为 56°。

斜方闪石亚族的矿物种较少，仅直闪石较常见；而单斜闪石亚族的矿物种较多。主要有透闪石、阳起石、普通角闪石、蓝闪石和钠闪石。本教材只对单斜闪石亚族的矿物透闪石、阳起石、蓝闪石和钠闪石加以介绍。

10.4.2.1 透闪石 (Tremolite) 和阳起石 (Actinolite)

【化学组成】透闪石的化学式为 $Ca_2Mg_5[Si_4O_{11}]_2(OH)_2$。阳起石的化学式为 $Ca_2(Mg,Fe)_5[Si_4O_{11}]_2(OH)_2$。$Ca_2Mg_5[Si_4O_{11}]_2(OH)_2$ 或 $Ca_2Fe_5[Si_4O_{11}]_2(OH)_2$ 类质同象系列。一般认为，铁阳起石 $Ca_2Fe_5[Si_4O_{11}]_2(OH)_2$ 分子 $<20\%$ 者为透闪石；铁阳起石分子为 $20\%\sim80\%$ 者为阳起石；铁阳起石分子 $>80\%$ 者为铁阳起石（比较少见）。有少量 Na、K、Mn 替代 Ca 和 F、Cl 替代（OH）。

【晶体结构】单斜闪石亚族矿物的晶体结构如图 10-27 所示，结构中存在 $Mg^{2+} \rightleftharpoons Fe^{2+}$。空间群 C2/m，均属单斜晶系。晶胞含分子式数 $Z = 2$。晶胞参数：$a = 9.840Å$、$b = 18.051Å$、$c = 5.275Å$、$\beta = 104°42'$（透闪石）；$a = 9.860Å$、$b = 18.118Å$、$c = 5.346Å$、$\beta = 104°30'$（阳起石）。

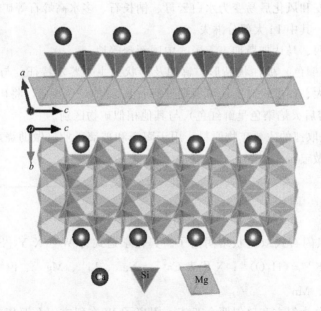

图 10-27 透闪石晶体结构

【形态】单晶体呈柱状、针状、纤维状，横切面呈菱形或六边形。常呈束状、放射状（阳起石由此得名）和纤维状集合体。纤维状的透闪石称为透闪石石棉，呈浅色的坚韧致密集合体者称软玉。

【物理性质】透闪石为白色、浅灰色，阳起石呈浅绿色至深蓝绿色。条痕白色。玻璃光泽，透明。{110} 解理中等至完全，夹角 56°。硬度为 5.5～6，质脆。相对密度为 2.9～3.3，随含铁量增多而增大。

【成因产状】主要产于矽卡岩、某些大理岩、结晶片岩和热液蚀变岩中。世界著名的产地有瑞士、奥地利、意大利和美国东部。其他的产地还有新西兰和中美洲等地。我国分布在湖北、河南、山西等省。

【鉴定特征】以颜色、形态、解理为特征与透辉石、绿帘石、符山石等区别。透闪石与硅灰石很相似，但后者粉末可溶于浓 HCl、产生硅胶，而透闪石则不溶。

【主要用途】透闪石石棉强度高、耐高温和抗酸能力强，与其他材料制成的增强复合材料广泛用于国防工业和宇宙空间尖端科学技术领域；透闪石还可做玻璃材料、冶金保护渣、涂料填料。阳起石可用于中药；软玉可做玉石，新疆的和田玉（上等品种为羊脂玉）即软玉。

10.4.2.2 蓝闪石 (Glaucophane) 和钠闪石 (Riebeckite)

【晶体结构】晶体结构如图 10-28。空间群 C2/m，属单斜晶系。晶胞含分子式数 $Z=2$。晶胞参数：$a=9.582$Å、$b=17.801$Å、$c=5.306$Å、$\beta=103°48'$（蓝闪石）；$a=9.781$Å、$b=18.082$Å、$c=5.346$Å、$\beta=103°30'$（钠闪石）。

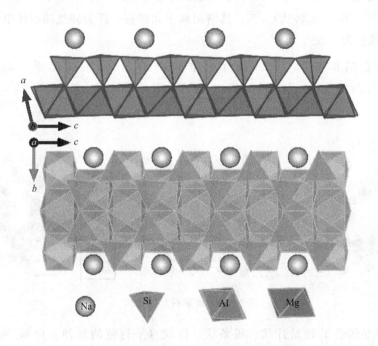

图 10-28 蓝闪石晶体结构

【化学组成】蓝闪石的化学式为 $Na_2Mg_3Al_2[Si_4O_{11}]_2(OH)_2$；钠闪石的化学式为 $Na_2Fe_3^{2+}Fe_2^{3+}[Si_4O_{11}]_2(OH)_2$。蓝闪石和钠闪石为类质同象系列。前者可看成透闪石中的 Ca、Mg 被 Na、Al 替代的产物；后者可看成铁阳起石中的 Ca、Fe^{2+} 被 Na、Fe^{3+} 替代的产物。在该类质同象系列中，广泛存在的 Al^{3+} 和 Fe^{3+}、Mg^{2+} 和 Fe^{2+} 间可完全互相替代。两者共同特征为含 Na_2O，故统称为碱性闪石。

【形态】单晶体常呈柱状、针状，柱面可见纵纹。通常呈纤维状、放射状集合体。钠闪石的纤维状亚种称为青石棉（商业上亦称蓝石棉）。

【物理性质】肉眼观察为灰蓝、蓝黑、黑（钠闪石）色。条痕呈白或淡蓝色。丝绢光泽或玻璃光泽，透明。具 {110} 完全解理，夹角 56°。蓝闪石硬度为 6～6.5；钠闪石硬度为 4～5。相对密度为 3.13～3.44，随含铁量增多而增大。

【成因产状】蓝闪石为典型的高压变质矿物，产于蓝闪石片岩中，是板块俯冲带靠大洋一侧低温高压变质带的标型矿物。钠闪石主要产于碱性岩和伟晶岩中。青石棉通常产于泥质富铁的沉积变质岩中，其成因与强烈剪切作用并发生交代有关。

钠闪石主要产地有南非，阿尔卑斯地区，英国，美国和玻利维亚。

【鉴定特征】细长柱状、针状的形态，常呈蓝色至蓝黑色及产状可作为鉴定特征。

【主要用途】蓝石棉为优良的纤维材料，并可制成具有独特吸附性能的过滤材料，能过滤有毒气体和放射性尘埃。

10.4.3　硅灰石 (Wollastonite)

【化学组成】化学式为 $Ca_3[Si_3O_9]$。理论值为含 CaO 48.3%、含 SiO_2 51.7%。有少量 Mg^{2+}、Mn^{2+}、Fe^{2+} 等替代 Ca^{2+}。其络阴离子和辉石一样为硅氧四面体单链，但形状有些不同，故单独分为一族。

【晶体结构】结构如图 10-29 所示。空间群 $P\bar{1}$，属三斜晶系。晶胞参数 a=7.925Å，b=7.320Å，c=7.065Å，α=90°3′，β=95°13′，γ=103°25′，晶胞含分子式数 Z=6。

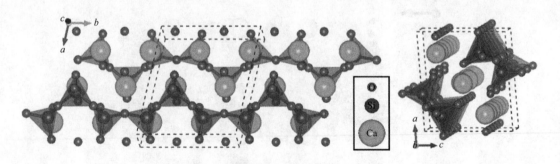

图 10-29　硅灰石晶体结构

【形态】单晶体沿 Y 轴呈片状、板条状、针状（平行链的延伸方向），可依 {100} 或 {001} 成双晶。常呈片状、放射状、纤维状集合体。

【物理性质】白色或略带浅灰、浅绿、浅红白色。条痕呈白色。玻璃光泽，纤维状集合体呈丝绢光泽，解理面可见珍珠光泽，透明。具 {100} 完全解理、{001} 和 {$\bar{1}$02} 中等解理。硬度为 4.5～5.0，质脆。相对密度为 2.86～3.09。

【成因产状】硅灰石是硅质灰岩的热变质产物，也可是接触交代作用产物。主要产于大理岩和矽卡岩中，与透闪石、石榴子石等共生；此外也见于钙质结晶片岩中。

世界硅灰石资源较丰富，资源总量估计在 8 亿吨以上，但分布很不均衡。仅有 20 多个国家发现硅灰石矿床，中国和印度是世界上硅灰石资源最丰富的国家。

我国储量最多的是吉林磐石，占全国总保有矿石储量的 40%；其余依次为云南、江西、青海、辽宁 4 省，共占全国保有矿石储量的 49%；浙江、湖南、安徽、内蒙古、广东 5 省区共占全国保有储量的 10%；江苏、广西、湖北、黑龙江 4 省区共占全国保有矿石储量的 1%。

【鉴定特征】以形态、颜色、常呈纤维状集合体形态为鉴定特征。与闪石很相似，二者的区别参见透闪石。

【主要用途】可制成白色、坚固、纤维状的石绒；作为配料大量应用于陶瓷工业，可增强产品强度，并可制成特殊性能的陶瓷，具强耐酸性能等。此外，还用于涂料、油漆、塑料、橡胶等工业。

10.5　层状硅酸盐矿物

10.5.1　概述

层状硅酸盐矿物晶体结构中的络阴离子为层状硅氧骨干，其中以六方网格状骨干最为常见。层状骨干中每个硅氧四面体有 3 个角顶是共用的，1 个角顶没有共用，即具有 1 个活性氧。后者尚余 -1 价用来与其他阳离子结合。

10.5.1.1　四面体片、八面体片和结构单元层

在层状硅氧骨干中，同一层活性氧一般均指向同一方。在活性氧组成的六方环中心总是有一个附加阴离子 $(OH)^-$ 或 F^-，它们和活性氧共同组成一个阴离子层。这种阴离子层的化学式为 $\{[Si_4O_{10}](OH)_2\}^{6-}$。一般把层状硅氧骨干亦称为四面体（Tetrahedron）片。

在四面体片之外，Mg^{2+}、Al^{3+} 等阳离子与四面体片的活性氧、四面体片每个环中心处的附加阴离子 $(OH)^-$ 及其他 $(OH)^-$ 或 O^{2-} 形成一个八面体层。其中，Mg^{2+}、Al^{3+} 等阳离子位于这些阴离子组成的八面体空隙中。该八面体层亦称八面体（Octahedron）片。

四面体片和八面体片通过共用活性氧的方式组合成层状硅酸盐的基本结构单元，称结构单元层。

无数结构单元层重叠起来即组成层状硅酸盐矿物的晶格。

10.5.1.2　结构单元层的类型

层状硅酸盐矿物的结构单元层有 1∶1 型和 2∶1 型两种基本类型。1∶1 型是由 1 个四面体片和 1 个八面体片构成的结构单元层，简称 TO 型，如高岭石即具此种结构单元层。

2:1型是由活性氧层朝向相反的2个四面体片夹1个八面体片构成的结构单元层,即为TOT型,云母、滑石、蒙脱石等均具有这种结构单元层。

10.5.1.3 八面体片的结构和组成类型

在层状硅酸盐矿物四面体片和八面体片的匹配关系中,硅氧四面体所组成的1个六方环范围内有3个八面体与之相适应,当这3个八面体中心的阳离子为二价阳离子时,所形成的结构称三八面体型结构,滑石即属三八面体型结构;若3个八面体中心被三价阳离子所占据,为平衡电价则仅有2个八面体被阳离子充填,故称之为二八面体型结构,叶蜡石即属此种结构;在少数情况下有二价离子和三价离子同时存在,形成过渡型结构。

10.5.1.4 层间域及其特征

层间域,是指相邻结构单元层之间的空隙。若结构单元层内部正负电荷已达到平衡,则层间域无阳离子,如高岭石、叶蜡石属此情况。若结构单元层内因 Al^{3+} 取代 Si^{4+} 或 Mg^{2+} 取代 Al^{3+} 造成负电价过剩,则需要 K^+ 、 Na^+ 、 Ca^{2+} 、 $(H_3O)^+$ 等阳离子进入层间域,以补偿其正电价之不足。层间域的阳离子亦称层间阳离子,如白云母中的 K 就是以层间阳离子形式存在的。另外,有些层状硅酸盐的层间域不但有层间阳离子,而且还有水分子进入层间域形成层间水,如蒙脱石即属此种情况。

10.5.1.5 多型和混层

一种层状结构硅酸盐,尽管其结构单元层相同,但各结构单元层的叠置方式却可以不同,于是便形成了多型。多型在层状硅酸盐矿物中是极为普遍的现象。绿泥石、高岭石、云母等层状硅酸盐矿物都存在着多型现象。

对于不同结构单元层而言,由于其四面体片和八面体片有共同的基本特征,因此不同结构单元层也可以规则或不规则地相间叠置,构成混层结构。国际黏土矿物学会规定,凡规则混层结构者视为独立矿物种。

10.5.1.6 主要物理性质和成因

层状硅酸盐的结构单元层很牢固,而结构单元层之间联系力却很弱。因此,该亚类矿物多具片状形态,具有 {001} 完全至极完全解理,硬度很低。云母、绿泥石、滑石等层状硅酸盐矿物是岩浆岩和变质岩的主要造岩矿物之一;云母、绿泥石、滑石、蛇纹石,高岭石等层状硅酸盐矿物也是热液蚀变作用的常见矿物;在风化作用和沉积作用的产物中,层状硅酸盐矿物的分布更为广泛。

10.5.2 滑石 (Talc)

属滑石——叶蜡石族矿物,该族矿物属2:1型层状结构,层间没有其他组分进入,层内也无 Al^{3+} 替代 Si^{4+} 的现象,层间为分子键,其结构见图10-32。滑石为三八面体型结构,叶蜡石为二八面体型结构。

【晶体结构】滑石结构单元层见图10-30,属单斜或三斜晶系。单斜晶系:空间群 C2/c,晶胞参数 $a=5.287Å$ 、$b=9.158Å$ 、$c=18.950Å$ 、$\beta=99°18'$,晶胞含分子式数 $Z=4$;三斜晶系：空间群 $P\bar{1}$，晶胞参数 $a=5.291\text{Å}$、$b=9.173\text{Å}$、$c=5.290\text{Å}$、$\alpha=98°42'$、$\beta=119°54'$、$\gamma=90°5'$，晶胞含分子式数 $Z=2$。

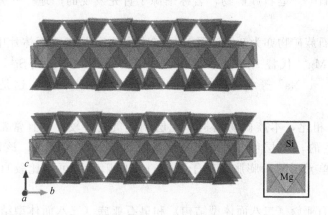

图 10-30　滑石晶体结构

【化学组成】化学式为 $Mg_3[Si_4O_{10}](OH)_2$。理论值为含 MgO 31.9%、含 SiO_2 63.4%、含 H_2O 4.7%。Fe^{2+} 可以替代 Mg^{2+}，还可以含有 Al^{3+}、Mn^{2+}、Ca^{2+}、Ni^{2+} 等。含 Ni 高者亦称镍滑石。

【形态】单晶体呈假六方或菱形片状；常呈片状、鳞片状或致密块状集合体。

【物理性质】无色或白色或微带浅黄、浅红、浅绿等色。条痕呈白色。玻璃光泽，解理面可见珍珠光泽，透明。具 {001} 极完全解理。硬度为 1。薄片具挠性而无弹性，粉末具滑感。相对密度为 2.58～2.83。

【成因产状】主要由热液蚀变作用形成。蛇纹石化的超基性岩受到碳酸水溶液的作用后蛇纹石转变为滑石并伴随菱镁矿生成：

$$蛇纹石＋二氧化碳\longrightarrow滑石＋菱镁矿＋水$$
$$2Mg_3Si_2O_5(OH)_4+3CO_2\longrightarrow Mg_3Si_4O_{10}(OH)_2+3MgCO_3+3H_2O$$

白云岩如受二氧化硅溶液交代可形成滑石并伴随方解石生成：

$$白云石＋二氧化硅\longrightarrow滑石＋方解石＋二氧化碳$$
$$3CaMg(CO_3)_2+4SiO_2+H_2O\longrightarrow Mg_3Si_4O_{10}(OH)_2+3CaCO_3+3CO_2$$

我国滑石主要分布于辽宁、山西、陕西、山东、江苏、浙江、江西等地。我国辽宁的海城、营口一带是滑石的著名产地。

【鉴定特征】片状、粉末有滑感、低硬度等为其鉴定特征。与叶蜡石相似，可用硝酸钴法区别之，滑石灼烧后与硝酸钴作用变为玫瑰色，而叶蜡石用相同方法后呈蓝色；还可以酸碱度法区别，方法是在条痕极上滴 1 滴水，以矿物碎块轻磨约半分钟，用石蕊试纸检查其酸碱度，如溶液 pH＝6 为叶蜡石，pH＝9 则为滑石。蛇纹石的硬度比滑石稍大，在水泥地上要用力划才会出现较细印痕。

【主要用途】滑石在造纸、陶瓷、橡胶等工业中用做填料、润滑剂等；纺织工业中用做漂白剂；陶瓷工业中用做制造绝缘器；冶金工业中用做耐火材料。还可用于雕刻石材和各种化妆品等。滑石亦可入药，用作清热、利湿药。

10.5.3 蒙脱石 (Montmorillonite)

蒙脱石属蒙脱石——皂石族矿物，名称来源于首先发现的产地——法国的 Montmorillon。

蒙脱石——皂石族矿物亦为 2∶1 型结构。在结构单元层内八面体片中有低价阳离子代替高价阳离子（如 Mg^{2+} 代替 Al^{3+}，在四面体片中也可有 Al^{3+} 替代 Si^{4+}）。结构单元层间充填有 Mg^{2+}、Ca^{2+}、Na^+ 等水合离子，使矿物含有大量层间水。这是该族矿物的重要特征。

与云母族矿物相比，本族矿物结构单元层剩余负电荷较少，且常常是由于八面体片中阳离子置换产生的，与层间阳离子距离远、吸引力小，因此，该族矿物具有遇水（水分子进入结构单元层间）膨胀和离子交换（层间阳离子可以比较自由地进出）两项重要性质。

该族包括蒙脱石亚族（二八面体型结构）和皂石亚族（三八面体型结构）。其中，以蒙脱石亚族常见，包括蒙脱石（亦称微晶高岭石、胶岭石）、贝得石、绿脱石等，前者分布广泛。

【化学组成】化学式为 $(Na, Ca)_{0.33}(Al, Mg)_2[Si_4O_{10}](OH)_2 \cdot nH_2O$，又称胶岭石。成分变化很大，除层间阳离子的种类和数量以及水分子的多少可变外，还可以含少量的 Fe^{2+}、Mn^{2+}、Ti^{4+} 等。

【晶体结构】蒙脱石晶体结构如图 10-31 所示。空间群 C2/m，属单斜晶系。晶胞参数 $a=5.231$Å、$b=9.062$Å、$c=9.60\sim20.50$Å 之间变化。如钙蒙脱石层间为一个、两个、三个、四个水分子层时其 c 值分别为 9.60Å、12.50Å、15.50Å、18.50Å、20.50Å；β 近于 90°。TOT 型，二八面体型结构。

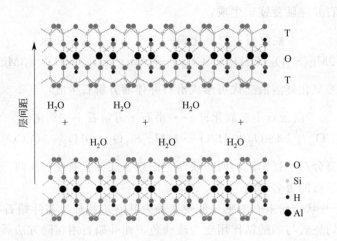

图 10-31 蒙脱石晶体结构

【形态】电子显微镜下呈片状、板状、纤维状。常呈土状、块状集合体。

【物理性质】白色，因含杂质微带红、绿等色。土状光泽，光泽暗淡。鳞片状者 {001} 解理完全，硬度为 1~2。相对密度为 2~3。有滑感，具很强的吸附能力，吸水后体积膨胀数倍并分散为糊状。

【成因产状】主要是由铝硅酸盐（长石、云母等）矿物、火山凝灰（岩）经风化或蚀变转化而成。其形成条件是溶液呈碱性且富含 Mg、Ca、Na 而少 K，基性火山岩在雨量偏少的地区最容易风化产生蒙脱石。蒙脱石是构成膨润土和某些黏土、黏土岩的主要矿物。

蒙脱石进一步风化可变为更稳定的高岭石等矿物。

在我国产地很多，如辽宁、黑龙江、吉林、河北、河南、浙江等地都有产出。

【鉴定特征】土状、吸水膨胀性可作为初步鉴定依据，进一步鉴定需采用其他手段。

【主要用途】利用蒙脱石阳离子交换性能制成蒙脱石有机复合体，广泛用于高温润脂、橡胶、塑料、油漆；利用其吸附性能，用于食油精制脱色除毒、净化石油、核废料处理、污水处理；利用其黏结性可作铸造型砂黏结剂等；利用其分散悬浮性用于钻井泥浆。常利用蒙脱石的阳离子交换性能，进行改性处理。蒙脱石在医药中应用广泛，可以做医药载体，起控释剂功效，在医药领域有成熟产品蒙脱石散，几乎成了蒙脱石的代名词，起到止泻功效。农业上可用做化肥、农药载体，应用于土壤改良；深加工后广泛用于纺织、印染、油脂脱色、石油净化、橡胶、洗涤剂、高级化妆品、食品、轻工、造纸、卷烟、味精处理等领域。

10.5.4 绿泥石 (Chlorite)

属绿泥石族矿物，该族矿物亦为 2∶1 型结构，但在层间夹有一层氢氧镁石八面体片，因此绿泥石结构又称 2∶1∶1 型结构。相当于在滑石结构单元层间插入了由两层 $(OH)^-$ 夹一层 Mg^{2+} 构成的 $Mg_6(OH)_{12}$ 八面体片。在 $Mg_6(OH)_{12}$ 片中，Mg^{2+} 位于 6 个 $(OH)^-$ 形成的八面体空隙中。

按这样的结构得出的绿泥石化学式应为 $Mg_3[Si_4O_{10}](OH)_2 \cdot Mg_3(OH)_6$，式中的前半部分相当于滑石，后半部分相当于水镁石。上式也可写成 $Mg_6[Si_4O_{10}](OH)_8$。但实际上绿泥石的成分总是与此有区别，主要是因为滑石片中有 Al^{3+} 等三价离子代替 Si^{4+}、水镁石片中有 Al^{3+} 等三价离子代替 Mg^{2+}。

该族矿物按化学成分的不同可分为正绿泥石和鳞绿石两个亚族。正绿泥石中 FeO 和 Fe_2O_3 含量不超过 MgO 和 Al_2O_3 的总量，主要有叶绿泥石和斜绿泥石。鳞绿泥石中的 FeO 和 Fe_2O_3 含量超过 MgO 和 Al_2O_3 的总量，主要有鳞绿泥石和鲕绿泥石。

【化学组成】绿泥石族矿物的总称，化学式为 $(Mg，Fe，Al)_6[(Si，Al)_4O_{10}](OH)_8$。化学成分变化较大，除化学式中表示的类质同象外，还可有 Ni、Cr 等进入八面体片中。

【晶体结构】绿泥石结构模型见图 10-32。空间群 C2/m，属单斜晶系。晶胞参数 $a = 5.336Å$、$b = 9.240Å$、$c = 14.370Å$、$\beta = 96°56'$，晶胞含分子式数 $Z = 2$。

【形态】单晶体呈假六方片状或板状。常呈鳞片状、细鳞片状或致密状块集合体。沉积成因的绿泥石常呈鲕状。

【物理性质】暗绿色、绿黑色、暗灰色（鲕绿泥石）。条痕无色或呈淡绿或浅灰绿色。玻璃光泽，解理面呈珍珠光泽，致密状集合体的光滑表面上呈蜡状光泽（在构造滑动面上最强），鲕绿泥石常无光泽。具 {001} 完全解理。硬度为 2.0～2.5，薄片具挠性。相对密度

图 10-32　绿泥石结构模型示意

为 2.6～3.3。

【成因产状】是低级区域变质的绿片岩中的主要矿物，与钠长石、绿帘石、阳起石等共生。绿泥石也是闪石、辉石、黑云母等铁镁矿物经热液蚀变而成的次生矿物。绿泥石还产于黏土、黏土岩及富铁沉积岩中，与菱铁矿、黄铁矿等共生。

【鉴定特征】颜色、形态、条痕微绿以及硬度等可作初步鉴定特征。当晶体较大、解理可见时，与云母的区别除颜色外，其薄片具挠性亦为重要特点。

【主要用途】鲕绿泥石富集体达到一定规模可做铁矿石矿物开采。

10.5.5　高岭石（Kaolinite）

高岭石属蛇纹石—高岭石族高岭石亚族，该族矿物与上述各族矿物不同，其单元层结构是由一层硅氧四面体片和一层八面体片复合而成的 1∶1 型。

该族矿物包括蛇纹石亚族（三八面体型结构）和高岭石亚族（二八面体型结构）。蛇纹石亚族主要包括纤蛇纹石、利蛇纹石和叶蛇纹石等。高岭石亚族主要为高岭石，高岭石亦称"高岭土""瓷土"，是一种黏土矿物。因首先在江西景德镇附近的高岭村发现而得名。本章节只介绍高岭石。

【化学组成】化学式为 $Al_4[Si_4O_{10}](OH)_8$。理论值为含 Al_2O_3 39.5%、含 SiO_2 46.5%、含 H_2O 14.0%。常含少量 Mg、Ca、Na、K、Fe、Cr 等类质同象混入物。

【晶体结构】高岭石结构如图 10-33 所示。空间群 P1，属三斜晶系。晶胞参数 $a=5.155Å$、$b=8.945Å$、$c=7.405Å$、$\alpha=91°42'$、$\beta=104°51'$、$\gamma=89°49'$，晶胞含分子式数 $Z=1$。

【形态】电子显微镜下可见假六方板状、片状晶体。通常呈土状、块体集合体。

【物理性质】纯者白色，因含杂质可呈浅蓝、浅黄、浅绿等色调，土状光泽。具 {001} 极完全解理，硬度为 2.0～2.5，相对密度为 2.58～2.60。干燥土状块体舔之粘舌，用手指易捏碎成粉，潮湿时有良好的可塑性。

【成因产状】是分布最广的稀土矿物。主要由富铝硅酸盐的岩浆岩和变质岩在酸性介质中受风化作用或低温热液交代变化而成。

我国江西景德镇的高岭（山名）产优质高岭石，在国内外久享盛名。

中国高岭石的著名产地有江西景德镇、江苏苏州、河北唐山、湖南醴陵等。世界其他著名产地有英国的康沃尔和德文、法国的伊里埃、美国的佐治亚等。

【鉴定特征】常呈白色土状块体，以手易于捏碎成粉末，粘舌，具吸水性，吸水后体积不膨胀、具可塑性。灼烧后与硝酸钴作用呈 Al 反应（蓝色）。蒙脱石吸水后常膨胀分散，

多水高岭石吸水后易碎裂。详细区分需借助热分析
等手段。

【主要用途】高岭石黏土除用作陶瓷原料、造
纸原料、橡胶和塑料的填料、耐火材料原料等
外，还可用于合成沸石分子筛以及日用化工产品
的填料等。以高岭石作为制瓷原料，大大促进了
陶瓷工艺水平和制品质量的提高，促进了陶瓷的
发展。高岭石具有白度和亮度高、质软、强吸水
性、易于分散悬浮于水中、良好的可塑性和高的
黏接性、抗酸碱性、优良的电绝缘性、强的离子
吸附性和弱的阳离子交换性以及良好的烧结性和
较高的耐火度等性能。纳米高岭石可用于涂料、

图 10-33 高岭石晶体结构

造纸、环保、纺织、高档化妆品、高温耐火材料的制造。目前我国使用的涂料大多是
传统的有机化学溶剂型涂料，存在有毒性，危害人体健康，且耐洗刷性差。利用纳
米技术研制的纳米高岭石涂料颗粒细、白度高、分散性好、化学稳定性好、耐洗刷性可
提高 1000 倍，无毒无害，具有自洁性、抗沾污性、抗老化性、透气性，杀菌和防霉能
力强，流变性、涂刷性、弹性好（可防止裂纹产生），质感细腻。另外，还可以制成不
同用途的特种纳米涂料，如抗紫外线涂料、隐身涂料等。

10.6　架状硅酸盐矿物

架状硅酸盐矿物是指具架状硅氧骨干的硅酸盐矿物。该亚类的架状硅氧骨干实际
上是硅氧四面体和部分铝氧四面体构成的架状络阴离子。所以，架状硅酸盐为铝硅
酸盐。

在晶体结构上，架状硅酸盐的络阴离子是三维空间无限联结的硅氧和铝氧骨架。骨架中
的每个硅氧和铝氧四面体的四个角顶都是共用角顶。

架状硅酸盐的络阴离子可表示为 $[Al_xSi_{n-x}O_{2n}]^{x-}$。铝代硅不能超过中心阳离子总数
的一半，即按离子数 $Al^{3+}/(Al^{3+}+Si^{4+})$ 一般在 $1/4\sim1/2$ 之间。每个四面体的负电价平均
只有 $-1/4\sim-1/2$，在硅酸盐各亚类中最低。架状硅氧骨架虽然联成一个牢固的网络结构，
但各四面体彼此只能以顶点相连，排列并不紧凑，骨架中留有很大空隙。

在某些架状硅酸盐中，有 F^-、Cl^-、$(OH)^-$、S^{2-}、$[SO_4]^{2-}$、$[CO_3]^{2-}$ 等附加阴离
子存在于硅氧骨干的大空隙中，以补偿负电价的不足。此外，有些矿物在硅氧骨干的大空隙
中还存在着水分子（沸石水）。

为与上述架状络阴离子相匹配，组成硅酸盐的阳离子为电价低、半径大的惰性气体型离
子（主要是 K^+、Na^+、Ca^{2+}）。从而导致该亚类的矿物具有颜色呈白色或浅色、硬度较高
和相对密度低的特点。

该亚类包括无附加阴离子的长石族、似长石族和含附加阴离子的方柱石族、方钠石族及
含水沸石族。其中长石族在自然界分布最广。

架状硅酸盐矿物主要包括长石族、霞石族、白榴石族、沸石族等矿物，本节重点介绍后三者。霞石族矿物为 Al/Si>1/3（SiO_2 相对含量少）的无水的架状硅酸盐矿物，是在缺少 SiO_2、富含碱质的高温环境下形成的，属于二氧化硅不饱和矿物，因而与石英族矿物不能共生。同霞石相似，白榴石族族矿物为 Al/Si>1/3（SiO_2 相对含量少）的无水的架状硅酸盐矿物，是在缺少 SiO_2、富含碱质的高温环境下形成的，属于二氧化硅不饱和矿物，因而与石英族矿物不能共生。

10.6.1 霞石（Nepheline）

【化学组成】化学式为 $Na_3K[AlSiO_4]_4$ 或 $(Na,K)[AlSiO_4]$。霞石为 $Na[AlSiO_4]$-$K[AlSiO_4]$类质同象系列的中间矿物。纯钠的端员仅见于人工合成矿物，纯钾的端员为钾霞石。在自然界产出的霞石中，$Na[AlSiO_4]$ 与 $K[AlSiO_4]$ 的比例约为 3:1，故其化学式亦表示为 $Na_3K[AlSiO_4]_4$。此外，还可含有比化学式略多的 SiO_2 及 Ca^{2+}（代替 Na^+）、Be^{2+}、Ga^{3+}（代替 Al^{3+} 或 Si^{4+}）。

【晶体结构】结构模型见图 10-34（a）。空间群 $P6_3$，属六方晶系。晶胞参数 $a=10.003$Å、$c=8.381$Å，晶胞含分子式数 $Z=2$。

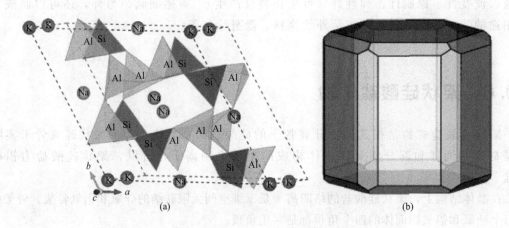

图 10-34 霞石晶体结构（a）和霞石晶体形态（b）

【形态】霞石晶体形态如图 10-34(b) 所示。单晶体常呈由 {100}、{001} 和 {00$\bar{1}$} 等晶面围城的短柱状，少见。通常呈粒状、致密块状集合体。

【物理性质】灰白、浅红或浅蓝灰色，多带浅褐色调。条痕白色。玻璃光泽，新鲜断口常呈油脂光泽，透明。具 {10$\bar{1}$0} 和 {0001} 不完全解理，断口呈贝壳状。硬度为 5.5～6.0。相对密度为 2.55～2.66。

【成因产状】为富钠碱性岩浆岩中的典型矿物，主要产于霞石正长岩及其伟晶岩中，与正长石、碱性辉石、碱性闪石等共生，不与石英共生。受热液作用易变为沸石等矿物，风化后易转变成高岭石等黏土矿物。

世界著名产地有挪威、瑞典、俄罗斯的科拉半岛和伊尔门山、肯尼亚和罗马尼亚等地。

【鉴定特征】其颜色、硬度及产状类似于长石但解理发育差，其油脂光泽断口有时类似石英，但在地表易风化形成白色粉末。霞石粉末加 HCl 慢慢煮沸，能溶解并使酸液变稠，加水搅拌后从霞石中分解出的 SiO_2 凝胶在水中析出，呈絮状或云霞状（故得其名）。

【主要用途】主要用于玻璃和陶瓷工业，也可做提炼铝的矿物原料。

10.6.2 白榴石 (Leucite)

【化学组成】化学式为 K [$AlSi_2O_6$]。理论值为含 K_2O 21.58%、含 Al_2O_3 23.36%、含 SiO_2 55.06%。常含微量 Na、Ca、H_2O。

【晶体结构】白榴石结构如图 10-35 (a)、10-35 (b) 所示。低温属四方晶系，高温为立方晶系。低温构型［图 10-35 (a)］：空间群 $I4_1/a$，晶胞参数 $a=13.056$Å、$c=13.751$Å，晶胞含分子式数 $Z=16$。高温构型［图 10-35 (b)］：空间群 $Ia\bar{3}d$，晶胞参数 $a=13.400$Å，晶胞含分子式数 $Z=16$。

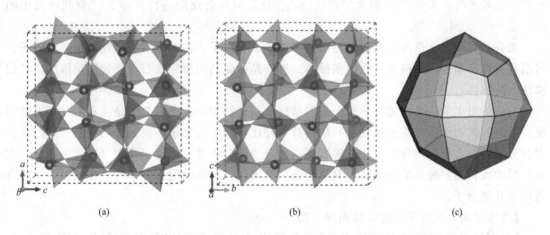

(a)　　　　　　　　(b)　　　　　　　　(c)

图 10-35　白榴石晶体结构［(a) 低温构型、(b) 高温构型］和白榴石晶体形态 (c)

【形态】高温形成时为立方晶系，当温度降低后晶体结构变为四方晶系，但仍保持其外形，如图 10-35(c) 所示，常呈四角三八面体晶形（似石榴石，故称白榴石）。可依 {110} 成聚片双晶。常呈粒状集合体。

【物理性质】灰白色，有时带浅黄色调。条痕呈无色或白色。晶面常暗淡无光泽，新鲜断面呈玻璃光泽或油脂光泽，透明。具 {110} 极不完全解理或无解理。硬度为 5.5~6.0。相对密度为 2.47~2.50。

【成因产状】产于近代富钾贫硅的酸性火山熔岩及浅成侵入岩中，常与霞石、碱性辉石等共生。

白榴石由高温结晶后随温度冷却，将与残余的熔浆反应而转变成霞石和钾长石，而保留原白榴石的外形，此假象称假白榴石。易风化为高岭石等黏土矿物。

意大利的维苏威火山和美国的白榴石山为著名产地。中国江苏铜井镇有大量白榴石。

【鉴定特征】以色浅，经常呈完好的四角三八面体晶形，产于火山石中为鉴定特征。

【主要用途】可用做提取钾和铝的矿石矿物,可以用白榴石强化陶瓷。

10.6.3 沸石 (Zeolite)

【化学组成】化学通式为 $R_x^{1+} R_x^{2+} [Al_{x+2y} Si_{n-(x+2y)} O_{2n}] \cdot m H_2O$。式中,$R^{1+}$ 为一价阳离子,基本上为 K、Na;R^{2+} 为二价阳离子,主要为 Ca、Ba。该族矿物的化学成分可以在很大范围内变化,许多沸石只能给出近似的化学式。

在硅氧和铝氧骨干中,当 Al^{3+} 替代 Si^{4+} 较少时,由于负电荷少、对孔道中阳离子吸引力弱,因而具有较好的离子交换性能。在目前工业上利用较多的天然沸石——丝光沸石和斜发沸石中,Al^{3+} 替代 Si^{4+} 的数量仅为六分之二,即每个硅氧四面体平均给出的电价只有约 1/6。

硅氧骨干中有巨大空隙彼此连通,形成孔道。参加晶格的阳离子在一定的外界条件下可以相互交换。如富含 Ca^{2+}、Fe^{2+} 或 Mg^{2+} 的溶液流经沸石时,可以替换 Na^+ 而进入沸石的晶格;如果再与含大量 Na^+ 的水溶液接触,替换反应即会反向进行,即 Na^+ 取代沸石中的 Ca^{2+}、Fe^{2+}、Mg^{2+} 等。

水分子可以沿孔道进入晶格,与阳离子形成水合离子。在加热或干燥气候中,水分子又可沿孔道离开晶格,晶格并不因此而破坏。沸石晶体受到灼烧后沸石水急速气化排出,状似沸腾,故称沸石。

沸石的阳离子交换性能与蒙脱石等层状硅酸盐矿物相似,不同之处是沸石的晶格不能膨胀。沸石族矿物晶体结构中的孔道只能通过直径比孔道小的分子,而更大的分子被阻挡,使多种分子的混合物得到分离,因此沸石具有"分子筛"美誉。另外,脱水(温度为 250℃ 左右)后的沸石类似疏松的海绵体,具有很强的吸附性。除能吸附水分子外,还能吸附一些有机质等其他分子。

【晶体结构】所属晶系随矿物而异(图 10-36)。

【形态】沸石族矿物种类多,其形态和物性各不相同。其晶体和集合体形态及解理随晶体结构的特征不同而异。总体而言,其形态以纤维状、束状集合体者居多。

【物理性质】一般为无色、白色或浅色。玻璃光泽。硬度多为 3.5~5.5。沸石族与长石族、似长石族虽均属架状结构,但前者结构更为疏松,即空腔所占体积更大,因而沸石族的相对密度多在 2.0~2.3 之间,较长石族(2.6~2.7)、似长石族(2.3~2.5)均小。沸石族矿物含水越少、孔道越空,相对密度越小,反之则相对密度较大。

天然沸石已发现 60 余种,其中,较常见的有以下诸种:

钠沸石 Natrolite——$Na_2 [Al_2 Si_3 O_{10}] \cdot 2H_2O$,属正交晶系;

钙沸石 Scolecite——$Ca [Al_2 Si_3 O_{10}] \cdot 3H_2O$,属单斜晶系;

片沸石 Heulandite——$(Ca, Na_2) [Al_2 Si_7 O_{18}] \cdot 6H_2O$,属单斜晶系;

交沸石 Harmotome——$Ba [Al_2 Si_6 O_{16}] \cdot 6H_2O$,属单斜晶系;

方沸石 Analcite——$Na [AlSi_2 O_6] \cdot H_2O$,属立方晶系;

丝光沸石 Mordenite——$(Na_2, K_2, Ca) [Al_2 Si_{10} O_{24}] \cdot 7H_2O$,属正交晶系;

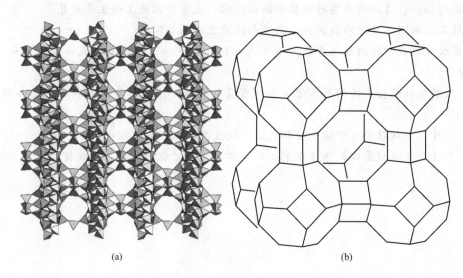

图 10-36　沸石晶体结构

菱沸石 Gmelinite——Ca $[Al_2Si_4O_{12}]$ · $6H_2O$，属三方晶系；

斜发沸石 Clinoptilolite——$(Na，K，Ca)_{2～3}$ $[Al_3 (Al，Si)_2 Si_{13}O_{36}]$ · $12H_2O$，属单斜晶系；

浊沸石 Laumontite——Ca $[Al_2Si_4O_{12}]$ · $4H_2O$，属单斜晶系。

【成因产状】低温、碱性环境有利于沸石族矿物形成。在火山岩气孔中常见到沸石。沸石矿床多由火山凝灰岩经蚀变作用形成，同时还可形成蒙脱石，故蒙脱石化往往是寻找沸石的标志。

【鉴定特征】一般据其产状和形态、相对密度低、灼烧时能排出大量水蒸气等可以初步识别沸石。精确鉴定矿物种则需借助于 X 射线衍射分析、红外光谱分析等手段。

【主要用途】沸石广泛应用于环保、现代工业、尖端技术和农业等领域。在石油、化学工业中，用作石油炼制的催化裂化、氢化裂化和石油的化学异构化、重整、烷基化、歧化。在轻工行业用于造纸、合成橡胶、塑料、树脂、涂料充填剂和素质颜色等。在国防、空间技术、超真空技术、开发能源、电子工业等方面，用作吸附分离剂和干燥剂。在建材工业中，用作水泥水硬性活性掺和料，烧制人工轻骨料，制作轻质高强度板材和砖。在农业上用作土壤改良剂，能起保肥、保水、防止病虫害的作用。在环境保护方面，用来处理废气、废水，从废水废液中脱除或回收金属离子，脱除废水中放射性污染物。

思　考　题

1. 为什么硅酸盐矿物的数量特多？

2. 解释硅酸盐种类特别繁多、性质又相差悬殊的原因。

3. 硅氧四面体为 $[SiO_4]^{4-}$，为什么双四面体是 $[Si_2O_7]^{6-}$ 而不是 $[Si_2O_8]^{8-}$？

4. 分析铝在硅酸盐矿物中所起的作用，并举例说明。

5. 石榴子石按其成分分哪两系，其成分和成因各有何特点？

6. Al_2O_3 · SiO_2 有几种同质多象变体？其结构上的主要区别是什么？与成因有何联系？这几种矿物的晶体化学式为什么不相同？

7. 简述岛状、链状两亚类硅酸盐矿物在结构、成分、性质上的主要差异。

8. 辉石族和闪石族矿物在成分、构造和性质上有何异同？

9. 层状硅酸盐矿物的硅氧骨干大多呈六方网孔，矿物为什么不形成六方晶系而以单斜晶系居多？

10. 从层状硅酸盐矿物的晶体化学式可否直接判断二八面体型结构和三八面体型结构？举例说明。

11. 为什么架状硅酸盐矿物一般颜色浅、硬度高、相对密度较小？

12. 为什么架状硅氧四面体骨干中必须有铝代替硅才能形成架状硅酸盐？

第 11 章

其他含氧盐矿物

11.1 碳酸盐矿物

碳酸盐矿物是金属阳离子与 $[CO_3]^{2-}$ 结合而成的矿物。碳酸盐矿物在地壳中分布很广，现今已发现的碳酸盐矿物约 95 种，约占地壳总质量的 1.7%，在含氧盐大类中仅次于硅酸盐。其中，钙和镁的碳酸盐分布最广，是极重要的造岩矿物。

该类矿物的阳离子既有惰性气体型离子和过渡型离子（包括稀土和放射性元素离子），也有铜型离子，其中主要是 Ca^{2+} 和 Mg^{2+}，其次是 Fe^{2+}、Mn^{2+}、Na^+ 及 Cu^{2+}、Zn^{2+}、Pb^{2+}、Sr^{2+}、K^+、Al^{3+}、Ni^{2+}、Co^{2+}、RE^{3+} 等；阴离子除 $[CO_3]^{2-}$ 外，有些碳酸盐矿物还有 $(OH)^-$、F^-、Cl^-、O_2^-、$[SO_3]^{2-}$ 和 $[PO_4]^{3-}$ 等附加阴离子；之外，有的矿物还含结晶水。

$[CO_3]^{2-}$ 构成的配位多面体为三角形，是碳酸盐晶体结构的基本单元。$[CO_3]^{2-}$ 与 Ca^{2+}、Mg^{2+}、Fe^{2+}、Mn^{2+}、Ba^{2+}、Sr^{2+}、Pb^{2+}、Zn^{2+} 等二价阳离子结合形成无水碳酸盐。

$[CO_3]^{2-}$ 与一些铜型离子和 RE^{3+} 等三价阳离子结合一般形成含附加阴离子的无水碳酸盐，有时还形成所谓的复盐，如孔雀石 $Cu_2[CO_3](OH)_2$、在水锌矿 $Zn_5[CO_3]_2(OH)_6$、氟碳钙铈矿 $Ce_2Ca[CO_3]_3F_2$。$[CO_3]^{2-}$ 与一价阳离子结合形成的碳酸盐常含结晶水且易溶于水，如苏打 $Na_2[CO_3] \cdot 10H_2O$、天然碱 $Na_2CO_3 \cdot NaHCO_3 \cdot 2H_2O$。

碳酸盐和硫酸盐矿物的晶格类型和物理性质很相似，除含 Cu 者呈鲜绿或蓝色、含 Mn 者呈玫瑰色、含 RE 或 Fe 者呈褐色外，大多数矿物为无色或白色，非金属光泽，硬度较低（2～4.5）。碳酸盐亦有其独自特点，其中最主要的差异是碳酸盐矿物遇冷稀盐酸发生分解放 CO_2 气泡。然而对于不同碳酸盐矿物而言，它们与酸的反应速度通常存在着差异，这也是区分不同碳酸盐矿物的重要标志。

虽然各种碳酸盐矿物遇酸反应速度不同，但在酸性条件下不稳定则是其共同特点。因此，碳酸盐矿物一般形成于弱碱性环境，当地下水中含有碳酸、硫酸、有机酸等，碳酸盐矿物很容易遭受溶蚀。

碳酸盐矿物形成于较低温度，因而该类矿物在外生作用下分布特别广泛，如沉积作用形成的主要由 Ca、Mg 碳酸盐矿物构成的石灰岩和白云岩、由 Mn 和 Fe 的碳酸盐矿物构成的沉积锰矿和铁矿。在风化作用中，Cu、Pb、Zn 的碳酸盐矿物是金属硫化物矿床中常见的次生矿物。在内生作用中，碳酸盐矿物的形成主要和热液作用有关，其中以 Ca、Mg、Fe 的碳酸盐矿物为主；另外，岩浆结晶作用也可形成以碳酸盐矿物为主的碳酸盐岩。在变质岩中，碳酸盐矿物为大理岩的主要矿物。

11.1.1　方解石族

方解石族矿物是二价阳离子 Ca^{2+}、Mn^{2+}、Fe^{2+}、Mg^{2+}、Cd^{2+}、Zn^{2+}、Co^{2+} 的无水碳酸盐矿物，主要包括方解石 Ca[CO_3]、菱镁矿 Mg[CO_3]、菱铁矿 Fe[CO_3]、菱锰矿 Mn[CO_3]、菱锌矿 Zn[CO_3]、白云石 CaMg[CO_3]$_2$ 等。它们都属三方晶系，其晶体结构类似于把 NaCl 的立方体晶胞沿 L^3 压扁成菱面体形，将缩短的 L^3 直立，用阳离子 Ca^{2+} 取代 Na^+，其配位数为 6，用 [CO_3]$^{2-}$ 取代 Cl^-，并使所有 [CO_3]$^{2-}$ 的平面水平，即成为方解石的结构。方解石族矿物都具有完全的菱面体 $\{10\bar{1}1\}$ 解理，三组解理彼此斜交，其夹角因阳离子半径不同而略有差异，自 $72°19'$（菱锌矿）至 $74°55'$（方解石）。菱面体解理为该族矿物重要特征。

该族矿物中各阳离子间类质同象置换广泛。在 Mn^{2+} 与 Fe^{2+} 间、Fe^{2+} 与 Mg^{2+} 间以及 Ca^{2+} 和 Mn^{2+} 间为完全类质同象；在 Ca^{2+}、Zn^{2+}、Fe^{2+} 间为不完全类质同象。Ca^{2+} 和 Mg^{2+} 由于半径相差过大（50%）不能互相代替，但可以组成复化合物白云石 CaMg[CO_3]$_2$，其晶体结构中 Ca^{2+} 和 Mg^{2+} 相间排列、秩序井然。

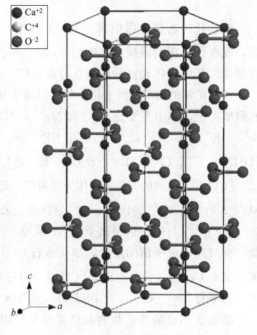

图 11-1　方解石晶体结构

11.1.1.1　方解石 (Calcite)

【化学组成】化学式为 Ca[CO_3]。理论值为含 CaO 56.03%、含 CO_2 43.97%。常含 Mn、Fe 及 Zn、Mg、Co、Pb、RE 等类质同象混入物。当混入物达到一定量时分别形成锰方解石、铁方解石等亚种。

【晶体结构】方解石晶体结构如图 11-1 所示。空间群 $R\bar{3}c$，属三方晶系。晶胞参数 $a=4.990Å$、$c=17.061Å$，晶胞含 Ca[CO_3] 分子式数 $Z=6$。

【形态】方解石晶体形态如图 11-2 所示。单晶体常呈由六方柱 $\{10\bar{1}0\}$、菱面体 $\{01\bar{1}2\}$ 和复三方偏三角面体 $\{2\bar{1}\bar{3}1\}$ 组成的聚形及菱面体 $\{10\bar{1}1\}$ 单形；依 $\{01\bar{1}2\}$ 成聚片双晶者常见（双晶纹平行菱形解理面的长对角线方向），系受应力作用而形成，亦见依 $\{0001\}$ 成接触双晶。通常呈粒状、致密块状等集合体。

【物理性质】灰白色，有时因含杂质呈浅褐、浅黄、浅红、浅绿等色调。条痕呈白色。玻璃光泽，透明。具 $\{10\bar{1}1\}$ 极完全解理。硬度为 3，性脆。相对密度为 2.6～2.8。遇冷稀 HCl 剧烈起泡。

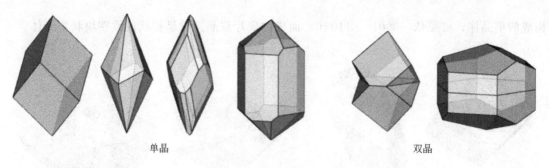

单晶 双晶

图 11-2 方解石晶体形貌

【成因产状】形成于多种地质作用。在外生作用中,海、湖水中 $CaCO_3$ 达到过饱和后化学沉积形成以方解石为主的石灰岩。一些生物吸收 $CaCO_3$ 后形成介壳,后者堆积形成以方解石为主的生物灰岩。在风化作用中,石灰岩被溶解后形成重碳酸钙 $Ca[HCO_3]_2$ 溶液,当压力减小或蒸发时释放出大量 CO_2,形成方解石沉淀,常分布在石灰岩的溶洞或裂隙中。在内生作用中,以碳酸盐为主要成分的岩浆侵入地壳冷凝结晶而成以方解石为主的碳酸岩;中低温热液作用也经常形成方解石;泉水中溶解的重碳酸钙到达地表后因压力降低释放出 CO_2,在泉水出口处沉淀出石灰华。

【鉴定特征】以菱面体完全解理、硬度为 3、常见平行菱面体解理面长对角线的聚片双晶纹及遇冷稀盐酸剧烈起泡为主要鉴定特征。

【主要用途】灰岩、大理岩主要由方解石组成,它们是制作石灰、水泥的矿物原料,也用于冶金熔剂、建筑饰料。高纯度灰岩是塑料、尼龙的重要原料。无色透明的晶体可做光学材料,称为冰洲石(因盛产于冰岛而得名)。

11.1.1.2 白云石 (Dolomite)

白云石为两种阳离子按固定比例与 $[CO_3]^{2-}$ 结合而成的复盐矿物,分布广泛。

【化学组成】化学式为 $CaMg[CO_3]_2$。理论值为含 CaO 30.41%、含 MgO 21.86%、含 CO_2 47.73%。常含 Fe、Mn 及 Co、Zn 等类质同象混入物。当 Fe 含量大于 Mg 含量时,称铁白云石。

【晶体结构】白云石晶体结构如图 11-3 所示。空间群 $R\bar{3}$,属三方晶系。晶胞参数 $a=4.815$Å、$c=16.119$Å,晶胞含 $CaMg[CO_3]_2$ 分子式数 $Z=3$。

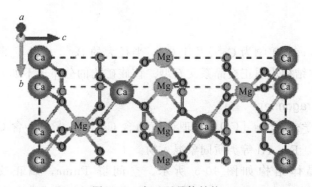

图 11-3 白云石晶体结构

【形态】白云石晶体形态如图 11-4 所示。单晶体呈 $\{10\bar{1}1\}$ 菱面体,亦可见由 $\{40\bar{4}1\}$

构成的单晶体；可见依 $\{0001\}$、$\{10\overline{1}0\}$ 而成的聚片双晶。常呈粒状或致密块状集合体。

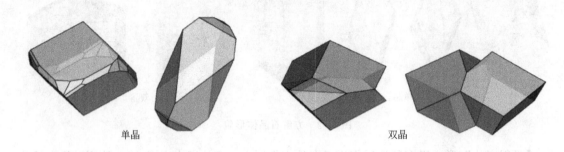

单晶　　　　　　　　　　　　　　　　　　双晶

图 11-4　白云石的晶体形态

【物理性质】无色、灰白色，有时微带浅黄、浅褐色、浅绿色。条痕呈白色。玻璃光泽，透明。具 $\{10\overline{1}1\}$ 极完全解理，硬度为 3.5～4.0，性脆。相对密度为 2.8～2.9，随 Fe、Mn、Zn、Pb 含量增多而增大，可达 3.10。

【成因产状】白云石主要产于沉积岩中，是白云岩或含白云质灰岩中的主要矿物。白云石分为原生白云石和次生白云石。原生白云石在水体中直接沉积而成，次生白云石主要是由成岩过程和成岩后生成的文石、方解石转变而成。一般认为，自然界的白云石以后一种成因为主。另外，作为脉石矿物白云石亦见于热液成因矿脉中。在变质岩中，白云石是镁质大理岩的主要矿物。

我国白云岩矿床资源丰富，已探明的储量能够满足经济建设的需要，各矿床多已开发利用，产地遍布各省，其中尤以辽宁营口大石桥、海城一带产量最多。

【鉴定特征】白云石与方解石和菱镁矿相似，但其块体遇冷稀 HCl 不起泡（与方解石不同）而粉末遇冷盐酸则起泡（与菱镁矿不同：菱镁矿粉末加 HCl 不反应或作用缓慢，加热 HCl 则剧烈起泡）区别之。白云石的条痕滴一滴镁试剂（将 0.1g 硝基苯偶氮间二酚和 2gNaOH 溶于 100g 蒸馏水中），反应片刻甩去试剂，条痕染成蓝色。

【主要用途】用作耐火材料和高炉炼铁熔剂；部分可做提取镁的矿石原料和化工原料。白云质灰岩、白云质大理岩可做建筑石材。

11.1.2　文石族

属文石族矿物，该族矿物为 Ca^{2+} 及比 Ca^{2+} 半径大的 Ba^{2+}、Pb^{2+} 等二价阳离子的无水碳酸盐矿物，其晶体结构均属正交晶系文石型。该族矿物的分布远不如方解石族矿物广泛。

11.1.2.1　文石 (Aragonite)

【化学组成】化学式为 $Ca[CO_3]$。理论值为含 CaO 56.03%、含 CO_2 43.97%。常含 Zn、Pb、RE 及 Mn、Fe、Al 等类质同象混入物。

【晶体结构】晶体结构如图 10-5 所示。空间群 Pnma，属正交晶系。晶胞参数 $a=4.961$Å、$b=7.967$Å、$c=5.740$Å，晶胞含 $Ca[CO_3]$ 分子式数 $Z=4$。

【形态】文石晶体形态如图 11-6 所示。单晶体常为沿 $\{010\}$ 呈板状或平行 Z 轴呈尖锥状；可依双晶面 $\{110\}$ 形成双晶，呈假六方柱状双晶常见。通常呈棒状、放射状、鲕状、

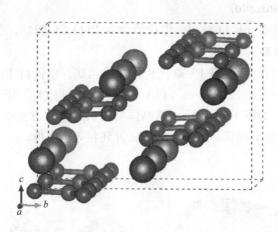

图 11-5　文石晶体结构

豆状、钟乳状等集合体。

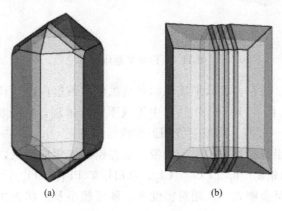

(a)　　　　　　　　　(b)

图 11-6　文石晶体形态

(a) 单晶；(b) 接触双晶

【物理性质】白色、灰色、浅红至黑色。条痕白色。玻璃光泽，断口常呈油脂光泽，透明。硬度为 3.5～4.0，性脆，具 {010} 不完全解理，贝壳状断口。相对密度为 2.95，随 Sr、Zn、Pb 等含量增多而增大。

【成因产状】自然界文石比方解石少见，主要见于现代海水沉积物和金属硫化物矿床氧化带、超基性岩风化壳中。内生成因的文石是热液作用最后阶段的低温产物，常见于玄武岩的气孔或裂隙中。温泉沉淀物中有文石形成并见于许多动物的贝壳或骨骼中。

文石不稳定，容易自发转变为方解石。

我国西藏和台湾地区文石矿有大量文石产出，西藏地区文石主要分布于雅鲁藏布大峡谷地带，台湾澎湖文石主要分布于望安岛沿岸。世界著名文石产地还有意大利西西里岛。

【鉴定特征】以折断后用放大镜观察断口呈贝壳状、无完全解理、颗粒在三溴甲烷中（相对密度 2.89）下沉为鉴定特征，以晶形多为针柱状与方解石相区别。

【主要用途】大量富集时可用做碳酸钙填料。

11.1.2.2　白铅矿（Cerussite）

【化学组成】化学式为 Pb［CO_3］。理论值为含 PbO 83.58%、含 CO_2 16.42%。常含 Ca、Sr、Zn 等类质同象混入物。

【晶体结构】晶体结构中 Ca 被 Pb 取代后即为白铅矿。空间群 Pnma，属正交晶系。晶胞参数 $a=4.961$Å、$b=7.967$Å、$c=5.740$Å，晶胞含 Pb［CO_3］分子式数 $Z=4$。

【形态】晶体形态、如图 11-7 所示，单晶体呈板状或假六方双锥状。可依 {110} 成双晶，贯穿双晶常见。通常呈粒状、块状、豆状、钟乳状等集合体。

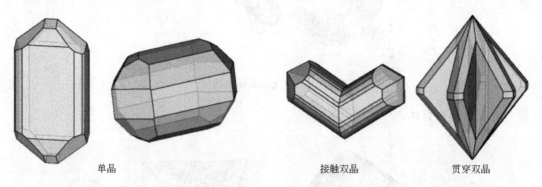

单晶　　　　　　　　接触双晶　　　　贯穿双晶

图 11-7　白铅矿晶体形态

【物理性质】白色、灰色，含微细硫化物者呈黑色。条痕白色。玻璃~金刚光泽，断口常呈油脂光泽，透明。具 {110}、{021} 中等或不完全解理，贝壳状断口。硬度为 3.0~3.5，相对密度为 6.53~6.57。阴极射线照射发浅蓝绿色光

【成因产状】产于铅锌硫化物矿床氧化带。系方铅矿氧化成铅矾，再经碳酸盐溶液作用而形成白铅矿。常与角铅矿 Pb_2［CO_3］Cl_2、水白铅矿 Pb_3［CO_3］$_2$（OH）$_2$ 等共生。

【鉴定特征】以常呈金刚光泽、相对密度大、硬度较小及产状为主要鉴定特征。以遇到 HCl 起泡与铅矾相区分。

【主要用途】铅矿的找矿标志；富集时可做铅的矿石矿物。

11.1.3　孔雀石族

该族矿物包括含（OH）$^-$ 的碱式碳酸铜矿物，主要是孔雀石和蓝铜矿。二者的成分和成因联系密切。

11.1.3.1　孔雀石（Malachite）

【化学组成】化学式为 Cu_2［CO_3］（OH）$_2$。理论值为含 CuO 71.95%（Cu 57.48%）、含 CO_2 19.90%、含 H_2O 8.15%。可含微量 $CaCO_3$、Fe_2O_3、SiO_2 等机械混入物。

【晶体结构】孔雀石晶体结构如图 11-8 所示。空间群 $P2_1/c$，属单斜晶系。晶胞参数 $a=9.502$Å、$b=11.974$Å、$c=3.240$Å、$\beta=98°42'$，晶胞含 Cu_2［CO_3］（OH）$_2$ 分子式数 $Z=4$。

【形态】单晶体呈柱状或针状，依 {100} 形成接触双晶（图 11-9）。常呈钟乳状、肾状（内部常具同心层状或放射纤维状构造）、葡萄状、皮壳状、土状集合体。

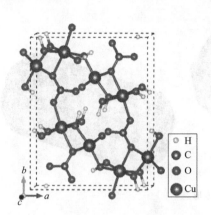

图 11-8　孔雀石晶体结构

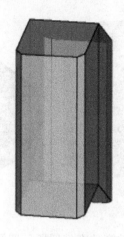

图 11-9　孔雀石晶体形态

【物理性质】深绿、鲜绿色。条痕呈淡绿色。玻璃或金刚光泽，纤维状者呈丝绢光泽，土状者光泽暗淡，半透明。具 $\{\bar{2}01\}$ 完全解理、$\{010\}$ 中等解理。硬度为 3.5～4.0。相对密度为 3.6～4.0。

【成因产状】产于含铜硫化物矿床氧化带，主要为黄铜矿、辉铜矿氧化产物。常与蓝铜矿、赤铜矿、自然铜、铁的氧化物共生。

广东阳春石绿铜矿是我国最著名的大型孔雀石、蓝铜矿矿床。

【鉴定特征】以常呈孔雀绿色、肾状或葡萄状形态（内部具同心层及放射状构造）、硬度小于小刀为其主要鉴定特征。遇 HCl 剧烈起泡。

【主要用途】铜矿的找矿标志。富集时可做炼铜的矿石矿物。亦用于工艺石材、颜料等。

11. 1. 3. 2　蓝铜矿 (Azurite)

【化学组成】化学式为 $Cu_3[CO_3]_2(OH)_2$。理论值为含 CuO 69.24%（Cu 55.30%），含 H_2O 5.22%。

【晶体结构】蓝铜矿晶体结构如图 10-10 所示。空间群 $P2_1/c$，属单斜晶系。晶胞参数 $a=5.011Å$，$b=5.850Å$，$c=10.353Å$，$\beta=92°20'$，晶胞含 $Cu_3[CO_3]_2(OH)_2$ 分子式数 $Z=2$。

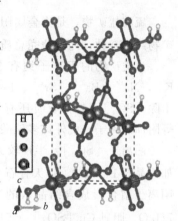

图 11-10　蓝铜矿晶体
结构

【形态】单晶体呈板状或短柱状。通常呈钟乳状、皮壳状或土状集合体。见图 11-11。

【物理性质】深蓝色，钟乳状或土状者呈浅蓝色，条痕呈浅蓝色。玻璃光泽，土状者光泽暗淡，半透明。硬度为 3.5～4.0，性脆，具 $\{011\}$ 完全解理、$\{100\}$ 中等解理，贝壳状断口。相对密度为 3.7～3.9。

【成因产状】与孔雀石相似，风化作用使其 CO_2 减少而含水量增加时变为孔雀石，故分布没有孔雀石广泛。

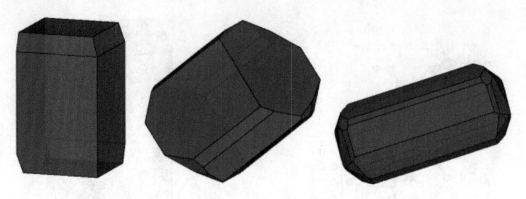

图 11-11　蓝铜矿晶体形态

蓝铜矿的产地有俄罗斯、罗马尼亚、巴西等。中国的蓝铜矿产地主要在湖北。

【鉴定特征】蓝色，与孔雀石共生（以此区别于铜蓝），硬度小于小刀，与盐酸剧烈起泡为主要鉴定特征。

【主要用途】同孔雀石。

11.2　硫酸盐矿物

硫酸盐矿物，是指金属阳离子与 $[SO_4]^{2-}$ 形成的含氧盐矿物。自然界已发现的硫酸盐矿物约 170 种，约占地壳总质量的 0.1%。

该类矿物的阳离子约有 20 余种，主要是惰性气体型和过渡型离子的 Ca^{2+}，Mg^{2+}，K^+，Na^+、Ba^{2+}、Sr^{2+}、Fe^{3+}、Al^{3+} 等，其次是 Cu^{2+}、Pb^{2+}、Zn^{2+} 等铜型离子；阴离子除 $[SO_4]^{2-}$ 外，有时还有 $(OH)^-$、F^-、Cl^-、O^{2-}、$[CO_3]^{2-}$、$[AsO_4]^{3-}$、$[PO_4]^{3-}$ 等附加阴离子；此外许多硫酸盐矿物含有结晶水。

阴离子 $[SO_4]^{2-}$ 半径较大，所以它主要与半径大的二价阳离子结合成稳定的无水盐，如重晶石 $Ba[SO_4]$、天青石 $Sr[SO_4]$、硬石膏 $Ca[SO_4]$ 等；$[SO_4]^{2-}$ 与半径小的二价阳离子结合形成含结晶水的硫酸盐，如石膏 $Ca[SO_4] \cdot 2H_2O$、泻利盐 $Mg[SO_4] \cdot 7H_2O$、胆矾 $Cu[SO_4] \cdot 5H_2O$ 等，它们具有比较高的溶解度；$[SO_4]^{2-}$ 与一价阳离子 Na^+、K^+ 则形成易溶于水的硫酸盐，如芒硝 $Na_2[SO_4] \cdot 10H_2O$，或与三价阳离子共同形成复盐，如明矾石 $KAl_3[SO_4]_2(OH)_6$。

硫酸盐具有典型的离子晶格，矿物多透明、呈无色或浅色、具玻璃光泽。该类矿物的硬度较低，一般在 2~4 之间。

硫是变价元素，硫可呈 S^{2-}、S^0、$[SO_4]^{2-}$ 等形式出现，$[SO_4]^{2-}$ 为氧化条件下的产物。因此，硫酸盐矿物形成于外生作用的氧化条件和近地表条件下的内生（低温热液）作用中。在还原条件下 $[SO_4]^{2-}$ 转变为 S^{2-}，硫酸盐即被破坏。

硫酸盐矿物主要有重晶石族、硬石膏族、石膏族、胆矾族、明矾族等族矿物。重晶石族矿物包括二价阳离子 Ba^{2+}、Sr^{2+}、Pb^{2+} 的硫酸盐重晶石 $Ba[SO_4]$、天青石 $Sr[SO_4]$ 和铅矾 $Pb[SO_4]$，其中重晶石较为常见。本节仅介绍各族典型矿物如重晶石、硬石膏、石膏、胆矾和明矾。

11.2.1　重晶石 (Baryte)

【化学组成】化学式为 Ba $[SO_4]$。理论值为含 BaO 65.7%、含 SO_3 34.3%。常含 Sr、Pb、Ca 等类质同象混入物。

【晶体结构】晶体结构如图 11-12 所示。空间群 Pnma，属正交晶系。晶胞参数 $a = 8.884\text{Å}$、$b = 5.458\text{Å}$、$c = 7.153\text{Å}$，晶胞含 Ba $[SO_4]$ 分子式数 $Z = 4$。

【形态】单晶体常沿 {001} 呈厚板状，有时呈柱状。常呈晶簇状、块状、粒状等集合体。见图 11-13。

【物理性质】纯者无色透明，一般为白色、灰、浅黄、浅褐色。条痕呈白色。玻璃光泽，解理面可见珍珠光泽，透明。硬度为 3～3.5，性脆，具 {001} 和 {210} 完全解理（二者夹角 90°）、{010} 中等解理。相对密度为 4.3～4.5。

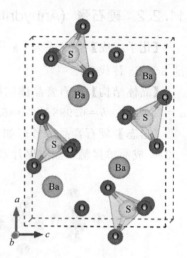

图 11-12　重晶石晶体结构

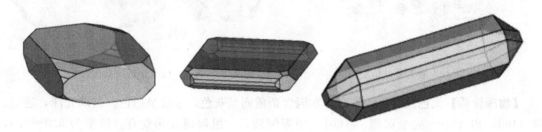

图 11-13　重晶石晶体形态

【成因产状】中低温热液作用中形成的重晶石常与方铅矿、浅色闪锌矿等硫化物及萤石、石英、方解石等共生。沉积形成的重晶石呈透镜状或结核状，产于浅海沉积地层。

原生含钡矿物风化作用后形成的含钡水溶液遇到其他硫酸盐，亦可反应形成次生重晶石。

中国重晶石资源相当丰富，分布于全国 21 个省（区），总保有储量矿石 3.6 亿吨，居世界第 1 位。主要集中在南方，贵州省占全国总储量三分之一，湖南、广西分别居全国第二、第三位，中国重晶石不但储量大，而且品位高，$BaSO_4 > 92.8\%$。富矿储量占全国富矿总量的 99.4%，大中型矿储量占全国总量 88.4%，

【鉴定特征】以板状形态、三组解理、相对密度较大为主要鉴定特征。与萤石和菱镁矿的区别在于重晶石的 {001} 与 {210} 解理垂直。

【主要用途】重晶石是提取 Ba 的矿物原料。重晶石粉可做钻井泥浆的加重剂。在医药行业作为消化道造影剂。利用重晶石具有吸收 X 射线的性能用作防射线水泥、混凝土建造防 X 射线的建筑物。此外还广泛用于颜料、油漆、造纸、橡胶和塑料等领域。

11.2.2 硬石膏 (Anhydrite)

【化学组成】化学式为 Ca [SO₄]。理论值为含 CaO 41.19%、含 SO₃ 58.81%。可有少量 Sr、Ba 替代 Ca。

【晶体结构】硬石膏晶体结构如图 11-14 所示。空间群 Cmcm，属正交晶系。晶胞参数 $a=7.006Å$、$b=6.998Å$、$c=6.245Å$，晶胞含 Ca [SO₄] 分子式数 $Z=4$。

【形态】硬石膏晶体形态如图 11-15 所示。单晶体呈粒状或沿 {010} 呈厚板状。可依 {021} 成简单接触双晶或聚片双晶。常呈粒状、致密块状集合体。

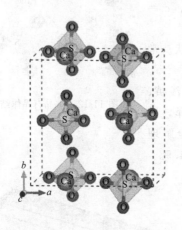

图 11-14 硬石膏晶体结构

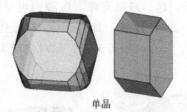

单晶　　　　双晶

图 11-15 硬石膏晶体形态

【物理性质】无色或白色，集合体常因含杂质而呈灰色，条痕呈白色。玻璃光泽，透明。具 {100} 和 {010} 完全解理、{001} 中等解理，三组解理互相垂直。硬度为 3.0～3.5，相对密度为 2.8～3.0。

【成因产状】主要由盐湖沉积而成，在地表吸收水分易转变为石膏。热液交代作用也可有少量硬石膏产出。

世界著名产地有波兰的维利奇卡，奥地利的布莱贝格，德国的施塔斯富特，瑞士的贝城，美国的洛克波特，中国南京的周村等。

【鉴定特征】以具三组互相垂直的解理、相对密度较小、遇 HCl 不起泡为主要特征。

【主要用途】用于水泥、化工、造型塑像、医疗、造纸等工业，尤其是用于制造农肥和代替石膏作硅酸盐水泥的缓凝剂。

11.2.3 石膏 (Gypsum)

【化学组成】化学式为 Ca [SO₄] · 2H₂O。理论值为含 CaO 占 32.57%、含 SO₃ 占 46.50%、含 H₂O 占 20.93%。常含黏土和有机质等机械混入物。

【晶体结构】石膏晶体结构如图 11-16 所示。空间群 C2/c，属单斜晶系。晶胞参数 $a=6.277Å$、$b=15.181Å$、$c=5.672Å$、$\beta=114°7'$，晶胞含 Ca[SO₄] · 2H₂O 分子式数 $Z=4$。

【形态】单晶体常平行 {010} 呈板状，少数呈柱状；常依双晶面 {100} 成燕尾双晶，

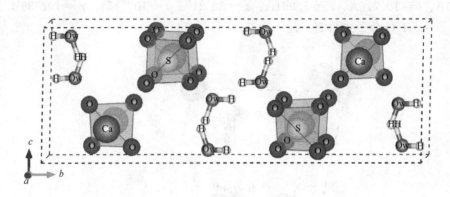

图 11-16 石膏晶体结构

如图 11-17 所示。通常呈粒状（称雪花石膏）、纤维状（称纤维石膏）、片状和致密块状、土状等集合体。

【物理性质】无色或白色，因含杂质可呈灰、黄、褐等色调。条痕呈白色。玻璃光泽，解理面上常呈珍珠光泽；纤维石膏呈丝绢光泽，透明。具 {010} 极完全解理、{100} 和 {011} 中等解理。硬度为 2，薄片具挠性。相对密度为 2.30～2.37。

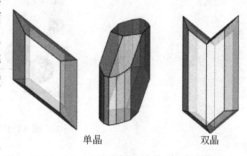

单晶　　　双晶

图 11-17 石膏晶体形态

【成因产状】石膏主要由化学沉积作用形成，常与石灰岩、泥灰岩等呈互层出现，并与硬石膏、石盐等共生。此外，石膏亦见于某些低温热液硫化物矿床；硫化物矿床氧化带中的硫酸水溶液与石灰岩作用也可形成石膏。硬石膏在压力降低和水的作用下也可形成石膏。

世界上最大石膏生产国是美国，其次是加拿大。中国石膏矿资源丰富。全国 23 个省（区）有石膏矿产出。探明储量的矿区有 169 处，总保有储量矿石 576 亿吨。从地区分布看，以山东石膏矿最多，占全国储量的 65%；主要石膏矿区有山东枣庄、湖北应城、吉林浑江、江苏南京、山东大汶口、广西钦州、山西太原、宁夏中卫等。

【鉴定特征】硬度低、相对密度小，{010} 极完全解理为主要鉴定特征。以与酸不起泡区别于碳酸盐矿物。

【主要用途】石膏的用途十分广泛。除大量用于建筑材料、制作模型、雕塑、装饰材料外，还做水泥缓凝剂用于生产水泥，以改善水泥的强度、收缩性和抗腐蚀性。此外，石膏还广泛用于硫酸生产、食品、医疗、环保等领域。

11.2.4 胆矾 (Chalcanthite)

【化学组成】化学式为 $Cu[SO_4] \cdot 5H_2O$。理论值为含 CuO 31.86%、含 SO_3 32.06%、含 H_2O 36.08%，常含 Mg 和 Zn。

【晶体结构】胆矾晶体结构如图 10-18 所示。空间群 $P\bar{1}$，属三斜晶系。晶胞参数

$a=6.116\text{Å}$、$b=10.716\text{Å}$、$c=5.961\text{Å}$、$\alpha=82°21'$、$\beta=107°17'$、$\gamma=102°36'$，晶胞含 $Cu[SO_4]\cdot 5H_2O$ 分子式数 $Z=2$。

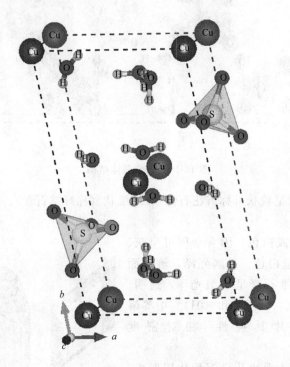

图 11-18　胆矾晶体结构

【形态】单晶体呈厚板状或短柱状。通常呈粒状、钟乳状、肾状集合体。

【物理性质】蓝色或天蓝色，有时微带绿色。条痕白色。玻璃光泽，透明或半透明。具 $\{1\bar{1}0\}$ 不完全解理，贝壳状断口。硬度为 2.5，性极脆。相对密度为 2.1～2.3。极易溶于水，水溶液呈蓝色、味苦而涩。

【成因产状】为含铜硫化物风化后的次生矿物。多产于干旱地区含铜硫化物矿床氧化带。我国胆矾矿产主要分布云南、山西、江西、广东、陕西、甘肃等地区。

【鉴定特征】蓝色、易溶于水、水溶液呈蓝色为主要鉴定特征。放入小刀等铁器其中之铜即被铁置换出来，使小刀镀上一层铜而呈铜红色。

【主要用途】铜的找矿标志。

11.2.5　明矾 (Alunite)

【化学组成】化学式为 $KAl_3[SO_4]_2(OH)_6$。理论值为含 K_2O 11.37%、含 Al_2O_3 36.92%、含 SO_3 38.66%、含 H_2O 13.05%。常含 Na、Fe 等类质同象混入物和石英、磁铁矿等机械混入物。

【晶体结构】明矾晶体结构如图 11-19 所示。空间群 $R\bar{3}m$，属三方晶系。晶胞参数 $a=7.020\text{Å}$、$c=17.223\text{Å}$，晶胞含 $KAl_3[SO_4]_2(OH)_6$ 分子式数 $Z=3$。

【形态】单晶体少见。常呈致密块状、细粒状、土状、结核状集合体。

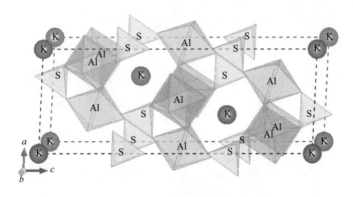

图 11-19　明矾晶体结构

【物理性质】白色，常带浅灰、浅黄或浅红色调。条痕呈白色。玻璃光泽，解理面有时见珍珠光泽，透明。具 {0001} 中等解理，贝壳状断口。硬度为 3.5～4.0，性脆。相对密度为 2.6～2.9。

【成因产状】明矾石常为中酸性火山岩低温热液蚀变产物。此外，黄铁矿分解所形成的硫酸盐溶液与含钾岩石作用也可形成明矾石。

我国明矾石产地甚多，浙江苍南、安徽庐江和福建周宁的白垩系火山岩中都有大量产出，其中，浙江探明储量占全国 50％ 以上，尤以温州苍南矾山最多，储量达 1.67 亿吨。含纯明矾石 45.4％～47.71％，是探明的世界上最大的明矾石矿。

【鉴定特征】明矾石与相似矿物的区别需借助于化学实验。如明矾石加硝酸钴溶液灼烧时呈蓝色（Al 的反应）、点 HCl 不起泡等。

【主要用途】用于生产明矾和制造钾肥。

思 考 题

1. 如何快速辨别碳酸盐和硫酸盐矿物？

2. 硫酸盐的 $[SO_4]^{2-}$ 半径有何特点？阳离子半径大小与其形成化合物的类型和稳定性有何关系？

3. 文石和方解石在成分和结构上有何异同？

4. 硫酸盐类与硫化物类矿物的形成条件有何不同？为什么？

5. 重晶石为什么相对密度大？其解理特点怎样？

6. 碳酸盐类矿物在成分、晶体结构和物理性质上有何特点？

附 录

Ⅰ 矿物的形态

晶面花纹

晶面条纹		
石英柱面聚形横纹	电气石柱面聚形纵纹	黄铁矿晶面 3 组垂直条纹
生长台阶		
黑钨矿螺旋状生长台阶		石盐多边形生长台阶

续表

生长丘	
绿柱石生长丘	金刚石生长丘
蚀象	
石英晶体的蚀象	石英晶体的蚀象坑示意图

规则连生

石膏燕尾双晶	钾长石卡斯巴双晶	斜长石聚片双晶

集合体形态

石英晶簇

石英晶簇

钟乳状方解石

玛瑙

常见几何多面体

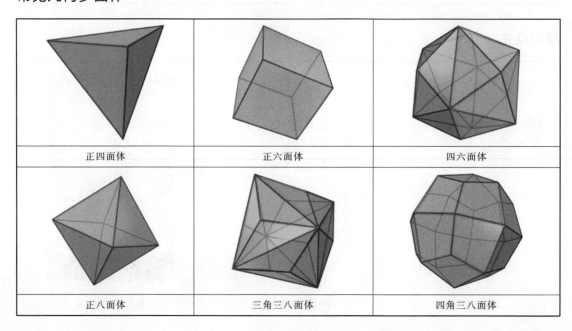

正四面体

正六面体

四六面体

正八面体

三角三八面体

四角三八面体

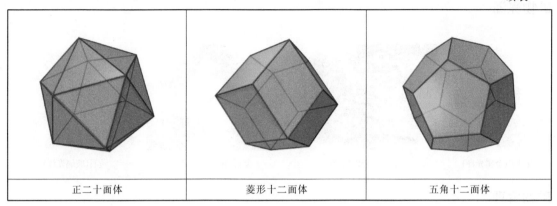

| 正二十面体 | 菱形十二面体 | 五角十二面体 |

Ⅱ　矿物性质

矿物条痕颜色

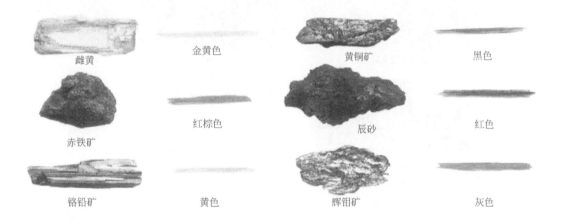

雌黄	金黄色	黄铜矿	黑色
赤铁矿	红棕色	辰砂	红色
铬铅矿	黄色	辉钼矿	灰色

矿物透明度

| 透明/金刚石 | 半透明/闪锌矿 | 不透明/黄铁矿 |

矿物光泽

黄铁矿(金属光泽)

赤铁矿(半金属光泽)

金刚石(金刚光泽)

萤石(玻璃光泽)

矿物解理

云母极完全解理

方铅矿完全解理

白钨矿中等解理

方铅矿不完全解理

矿物裂开与断口

磁铁矿的裂开

石英的贝壳状断口

矿物莫氏硬度计

莫氏硬度	标准矿物	化学式	绝对硬度	矿物图
1	滑石	$Mg_3Si_4O_{10}(OH)_2$	1	
2	石膏	$CaSO_4 \cdot 2H_2O$	3	
3	方解石	$CaCO_3$	9	
4	萤石	CaF_2	21	
5	磷灰石	$Ca_5(PO_4)_3(OH^-,Cl^-,F^-)$	48	
6	正长石	$KAlSi_3O_8$	72	
7	石英	SiO_2	100	
8	黄玉	$Al_2SiO_4(OH^-,F^-)_2$	200	

续表

莫氏硬度	标准矿物	化学式	绝对硬度	矿物图
9	刚玉	Al_2O_3	400	
10	金刚石	C	1500	

Ⅲ 矿物图

自然元素类矿物

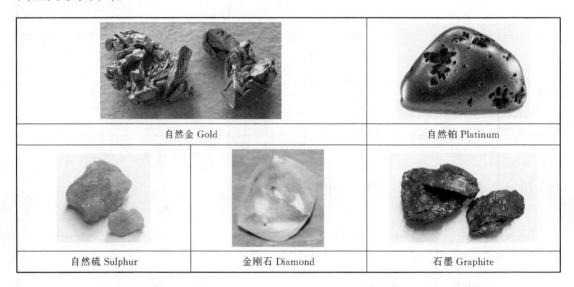

自然金 Gold	自然铂 Platinum

自然硫 Sulphur	金刚石 Diamond	石墨 Graphite

硫化物及其类似物矿物

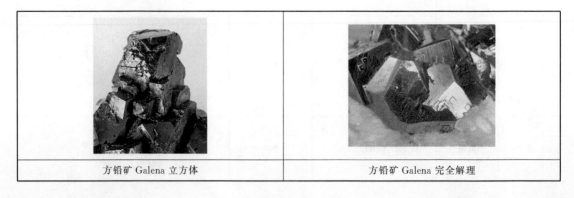

方铅矿 Galena 立方体	方铅矿 Galena 完全解理

续表

闪锌矿 Sphalerite	闪锌矿 Sphalerite
辰砂 Cinnabar 朱砂王	辰砂 Cinnabar 贯穿双晶
辰砂 Cinnabar	辰砂 Cinnabar
黄铜矿 Chalcopyrite	黄铜矿 Chalcopyrite
毒砂 Arsenopyrite (101)双晶 条纹	毒砂 Arsenopyrite 完全解理

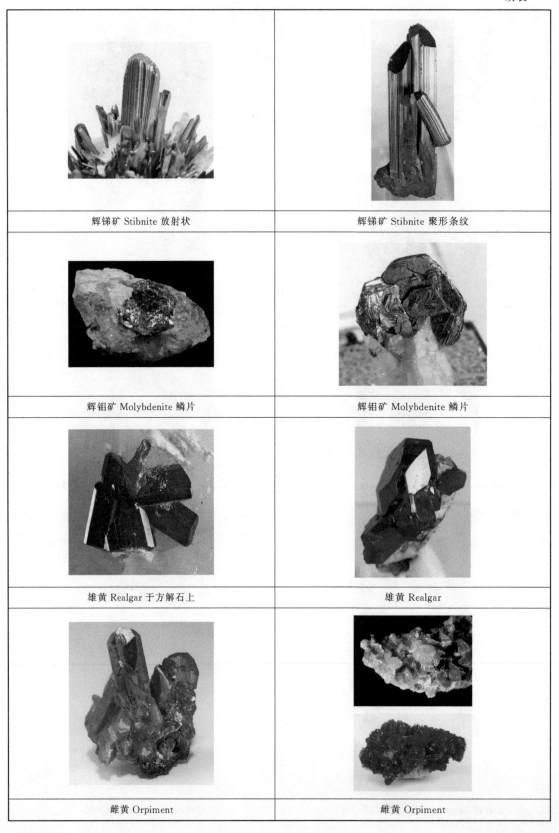

辉锑矿 Stibnite 放射状	辉锑矿 Stibnite 聚形条纹
辉钼矿 Molybdenite 鳞片	辉钼矿 Molybdenite 鳞片
雄黄 Realgar 于方解石上	雄黄 Realgar
雌黄 Orpiment	雌黄 Orpiment

续表

磁黄铁矿 Pyrrhotite	磁黄铁矿 Pyrrhotite
黄铁矿 Pyrite	黄铁矿 Pyrite
黄铁矿 Pyrite	白铁矿 Marcasite 矛头状双晶
白铁矿 Marcasite 浅黄铜色	白铁矿 Marcasite
黝铜矿 Tetrahedrite	黝铜矿 Tetrahedrite

续表

黝铜矿 Tetrahedrite

氧化物和氢氧化物矿物

赤铜矿 Cuprite 等轴八面体

赤铜矿 Cuprite 等轴八面体

赤铜矿 Cuprite

刚玉 Corundum

刚玉 Corundum

刚玉 Corundum

续表

金红石 Rutile

金红石 Rutile 酒红色

石英 Quartz 聚形纹

烟色水晶（烟晶）Smoke crystal

水晶簇

乳石英 Milky quartz

紫水晶 Amethyst

蔷薇石英 Rose quartz

黄水晶 Citrine	黄水晶 Citrine
玛瑙 Agate	玉髓 Chalcedony
钛铁矿 Ilmenite	钛铁矿 Ilmenite
钙钛矿 Perovskite	钙钛矿 Perovskite

续表

尖晶石 Spinel	尖晶石 Spinel
水镁石 Brucite 淡绿 解理	针铁矿 Goethite

卤化物矿物

萤石 Fluorite 八面体	萤石 Fluorite 贯穿双晶	萤石 Fluorite
石盐 Halite 骸晶	石盐 Halite	石盐 Halite 骸晶

硅酸盐矿物

锆石 Zircon	锆石 Zircon
橄榄石 Olivine	橄榄石 Olivine
石榴子石 Garnet	石榴子石 Garnet（镁铝榴石）
蓝晶石 蓝灰色 板条 Kyanite	红柱石 Andalusite
矽线石 Sillimanite	矽线石 Sillimanite

十字石 Staurolite	十字石 Staurolite
绿帘石 柱状 条纹 Epidote	绿帘石 柱状 条纹 Epidote
绿柱石 Beryl	绿柱石 Beryl
堇青石 Cordierite	堇青石 Cordierite
电气石 柱状 Tourmaline	电气石 柱状 Tourmaline

霓石 长柱状 条纹 Aegirine	霓石 长柱状 条纹 Aegirine
硬玉 Jadeite	硬玉 Jadeite
锂辉石 纵纹 Spodumene	透闪石 Tremolite
阳起石 Actinolite	钠闪石 Riebeckite

续表

蓝闪石 Glaucophane	蓝闪石 Glaucophane
硅灰石 Wollastonite	滑石 Talc
蒙脱石 Montmorillonite	蒙脱石 Montmorillonite
高岭石 Kaolinite 白色	高岭石 Kaolinite 灰色
霞石 Nepheline（短）柱状	霞石 Nepheline 玻璃光泽

续表

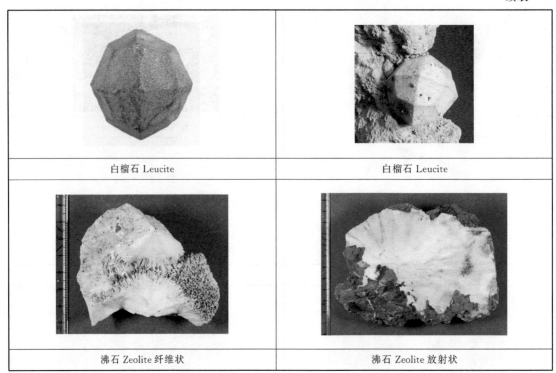

| 白榴石 Leucite | 白榴石 Leucite |
| 沸石 Zeolite 纤维状 | 沸石 Zeolite 放射状 |

其他含氧盐矿物

| 方解石 Calcite | 方解石 Calcite 尖锥状 |
| 白云石 Dolomite | 白云石 Dolomite（红色为辰砂） |

续表

文石 Aragonite	文石 Aragonite
白铅矿 Cerussite	白铅矿 Cerussite
孔雀石 Malachite	孔雀石 Malachite
蓝铜矿 Azurite	蓝铜矿 Azurite

续表

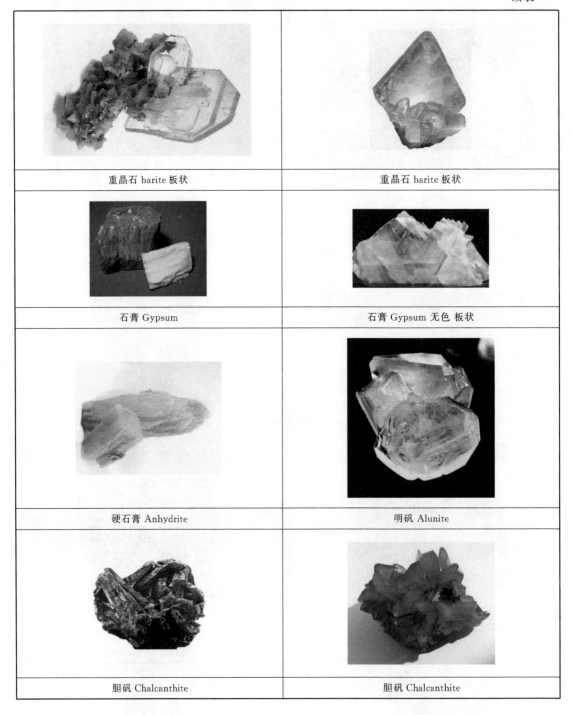

重晶石 barite 板状	重晶石 barite 板状
石膏 Gypsum	石膏 Gypsum 无色 板状
硬石膏 Anhydrite	明矾 Alunite
胆矾 Chalcanthite	胆矾 Chalcanthite

参 考 文 献

[1] 何涌，雷新荣. 结晶化学 [M]. 北京：化学工业出版社，2008.

[2] 桑隆康，廖群安，邹金华. 岩石学实验指导书 [M]. 武汉：中国地质大学出版社，2005.

[3] 赵珊茸. 结晶学及矿物学 [M]. 北京：高等教育出版社，2011.

[4] 《地球科学大辞典》编委会. 地球科学大辞典：基础学科卷 [M]. 北京：地质出版社，2006.

[5] 李胜荣，等. 结晶学与矿物学 [M]. 北京：地质出版社，2008.

[6] 刘显凡，孙传敏. 矿物学简明教程 [M]. 北京：地质出版社，2010.

[7] 罗谷风. 结晶学导论 [M]. 北京：地质出版社，2010.

[8] 赵明. 矿物学导论 [M]. 北京：地质出版社，2010.

[9] 赵珊茸，边秋娟，凌其聪. 结晶学及矿物学 [M]. 北京：高等教育出版社，2004.

[10] 王宇林. 矿物学 [M]. 中国矿业大学出版社，2014.

[11] 赵珊茸. 简明矿物学 [M]. 中国地质大学出版社，2016.

[12] 佩学特. 岩石与矿物 [M]. 谷祖纲，李桂兰，译. 中国友谊出版社，2007.

参 考 文 献